TRAINING

Haupt-/Mittelschule

Mathematik 6. Klasse

Michael Heinrichs

Autor: Michael Heinrichs besitzt langjährige Unterrichtserfahrung als Haupt- und Realschullehrer in Niedersachsen und ist darüber hinaus am Studienseminar und an der Universität Hildesheim in der Lehrerausbildung tätig. Aus seinem Berufsalltag weiß er genau, bei welchen Themen die Schülerinnen und Schüler Probleme haben und wie diesen Problemen mit abwechslungsreichen Erklärungen und Aufgaben begegnet werden kann.

www.stark-verlag.de
1. Auflage 2018

Inhaltsverzeichnis

(Fortsetzung siehe nächste Seite)

Autor: Michael Heinrichs

Vorwort an die Schüler*innen

Liebe Schülerin, lieber Schüler,

mit dem vorliegenden Buch kannst du den gesamten **Mathematikstoff der 6. Jahrgangsstufe** selbstständig wiederholen. Es hilft dir, dich optimal auf bevorstehende Klassenarbeiten und die kommenden Schuljahre vorzubereiten.

Berücksichtige bei der Arbeit mit dem Buch am besten die folgenden Tipps:

- Suche dir zuerst ein Kapitel aus, das du bearbeiten möchtest. Das kann beispielsweise ein Thema sein, welches du gerade in der Schule durchnimmst, oder Stoff, bei dem du noch Schwierigkeiten hast.
- In den **Merkkästen** werden die wichtigsten Begriffe und Regeln zusammengefasst. Präge sie dir gut ein.
- Die **Beispiele** mit ausführlichen Lösungen zeigen dir, wie man an Aufgaben zu dem jeweiligen Themengebiet am besten herangeht.
- Mit den folgenden abwechslungsreichen **Aufgaben** kannst du überprüfen, ob du den Stoff verstanden hast und anwenden kannst. Löse die Aufgaben und vergleiche deine Ergebnisse mit den ausführlich vorgerechneten **Lösungen** am Ende des Buches.
- Kannst du eine Aufgabe nicht sofort lösen, solltest du zunächst die Merkkästen und Beispiele noch einmal durcharbeiten und dich erneut an der Aufgabe versuchen.
- Gelingt dir die Lösung der Aufgabe trotzdem nicht, markiere sie und lies dir die Lösung durch. Wenn du sie nachvollzogen hast, löse die Aufgabe nach einigen Tagen noch einmal, damit du sicher sein kannst, sie verstanden zu haben.

Bei der Arbeit mit dem Buch wünsche ich dir Freude und viele Erfolgserlebnisse.

M. Heinrichs

Michael Heinrichs

Vorwort an die Eltern

Liebe Eltern,

schön, dass Sie Ihr Kind auf dem Weg durch die Schule unterstützen! Gerade der Mathematikunterricht bedeutet für viele Schülerinnen und Schüler eine besondere Herausforderung, daher sind regelmäßige Übungen zum aktuellen Stoff besonders wichtig.
Das vorliegende Buch enthält das gesamte **Grundwissen der 6. Jahrgangsstufe** in prägnanter und schülergerechter Form und ist somit eine optimale Ergänzung zum Unterricht:

- Mithilfe von eingängigen Beispielen und abwechslungsreichen Aufgaben kann Ihr Kind den gesamten **Schulstoff nacharbeiten und festigen**.
- Bestehende **Lücken** können **beseitigt** werden, indem Sie das entsprechende Kapitel auswählen und es von Ihrem Kind mit den zugehörigen Aufgaben bearbeiten lassen.
- Ihr Kind kann sich mit dem Buch auch ideal **auf Klassenarbeiten vorbereiten** und am Ende des Schuljahres den **gesamten Stoff wiederholen**, um erfolgreich in die 7. Klasse zu starten.

Bitte berücksichtigen Sie folgende **Vorgehensweise** beim Einsatz des Buches:

- Ihr Kind sollte die Aufgaben selbstständig lösen, ohne den Lösungsteil zu benutzen – dieser dient nur zur Überprüfung.
- Gelingt das Lösen der Aufgabe nicht, hilft es, wenn Ihr Kind zunächst das Grundwissen und die einschlägigen Beispiele durcharbeitet und sich anschließend erneut mit der Aufgabe befasst.
- Erst wenn die Aufgabe dennoch zu schwierig erscheint, sollte Ihr Kind sie mithilfe des Lösungsteils bearbeiten. Markieren Sie diese Aufgaben, dann wissen Sie, wo Ihr Kind noch Schwächen hat und worauf Sie bei der Wiederholung besonders achten müssen.

Ich wünsche Ihrem Kind viel Freude bei der Arbeit mit dem Buch und anhaltenden Erfolg in der Schule.

M. Heinrichs

Michael Heinrichs

Brüche und Dezimalbrüche

Die Tankanzeige dieses Autos zeigt dir an, dass der Tank noch **halb** voll ist. Von der gesamten Tankfüllung wurde also bereits die **Hälfte** verbraucht. Zahlenangaben wie diese nennt man **Brüche**.

1 Brüche darstellen

Auf Annikas Geburtstagsparty gibt es Torte. Die Torte wird in 12 **gleich große** Stücke geteilt, sodass jedes der 12 Kinder von der ganzen Torte den gleichen Anteil erhält, nämlich: 1 Zwölftel

Zähler $\rightarrow \frac{1}{12} \leftarrow$ **Bruchstrich**
Nenner $\rightarrow$

Einen **Bruch** erhält man, wenn man ein **Ganzes** in **gleich große Teile** zerlegt.

- Der **Nenner** eines Bruches gibt an, in wie viele gleich große Teile das Ganze zerlegt wird.
- Der **Zähler** des Bruches gibt an, wie viele Teile von dem Ganzen genommen werden.

Beispiele

1. Markiere $\frac{2}{5}$ eines Kreises.

Lösung:

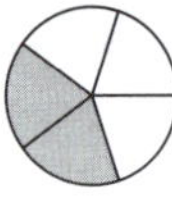

Es müssen **2 von 5 gleich großen Teilen** markiert werden.

2. Bestimme den schraffierten Teil der Fläche.

Lösung:
Es sind 13 von 20 gleich großen Teilen schraffiert, also $\frac{13}{20}$.

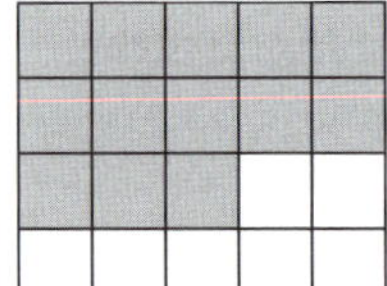

1 Bestimme den markierten Bruchteil.

a)

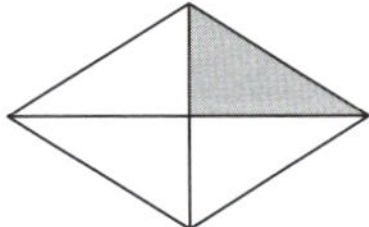

b)

c)

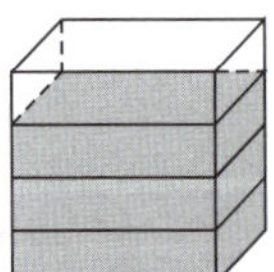

d)

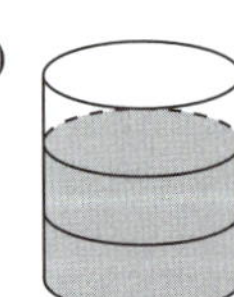

2 Markiere jeweils $\frac{5}{6}$ der Fläche.

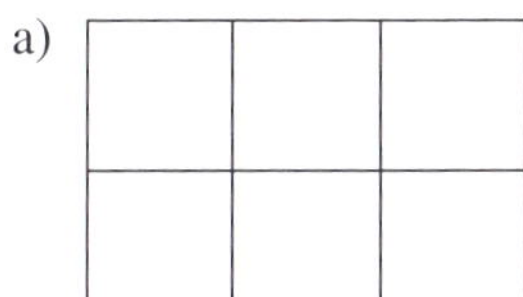

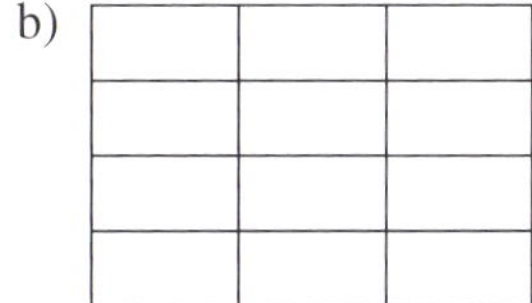

3 Gib den rot markierten Bruchteil an.

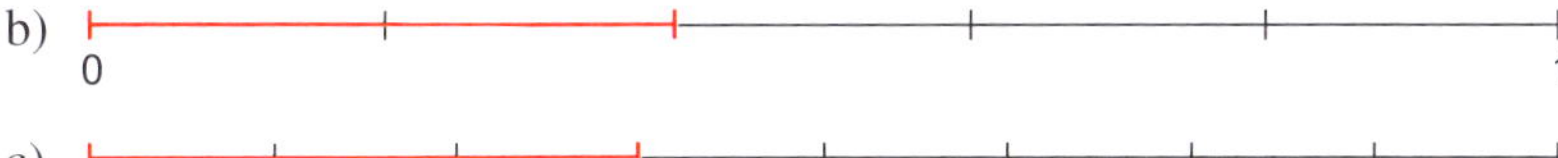

c) 0 1

4 Rahme auf Karopapier geeignete Rechtecke ein und markiere die Bruchteile:
$\frac{5}{8}$; $\frac{1}{6}$; $\frac{7}{16}$; $\frac{3}{4}$

5 Zeichne die gesuchten Bruchteile ein und färbe sie rot.
Welcher Anteil bleibt jeweils ungefärbt?

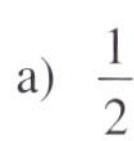

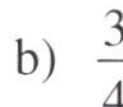

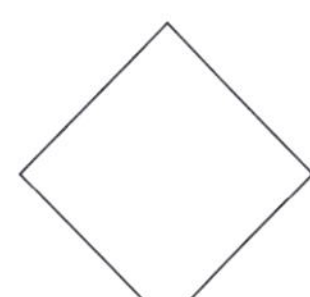

c) $\frac{3}{8}$

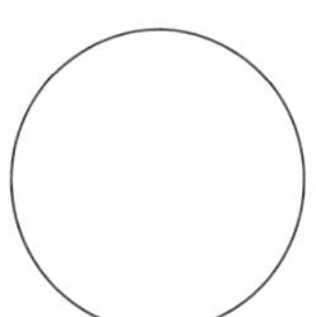

d) $\frac{3}{5}$

6 Maya, Ilka und Nora sollten jeweils $\frac{1}{4}$ der Figur grau ausmalen.

a) Wer hat richtig markiert? Begründe deine Entscheidung.

b) Markiere in der 4. Figur selbst den richtigen Anteil.

2 Bruchteile von Größen

Für Annikas Geburtstagstorte sind laut Rezept $\frac{5}{8}$ ℓ Milch ($\frac{5}{8}$ von 1 ℓ) nötig. Auf dem Messbecher kann man allerdings nur mℓ ablesen. Wie viel Milch muss Annikas Mutter in die Rührschüssel füllen?

Um den **Bruchteil einer Größe** zu berechnen, gehe wie folgt vor:
- Wandle die Größe (falls nötig) in die nächstkleinere Einheit um.
- **Dividiere** die Maßzahl durch den **Nenner** des Bruches.
- **Multipliziere** das Ergebnis dann mit dem **Zähler**.

Beispiele

1. Berechne $\frac{3}{4}$ von 40 kg.

Lösung:

40 kg : 4 = 10 kg
10 kg · 3 = 30 kg

Im Nenner steht eine 4. Also wird das Ganze (40 kg) in 4 gleiche Teile geteilt (: 4). Davon nimmst du 3 Teile (· 3).

2. Wie viel Milch braucht Annikas Mutter für die Geburtstagstorte?

Lösung:

1 ℓ = 1 000 mℓ

1 000 mℓ : 8 = 125 mℓ
125 mℓ · 5 = 625 mℓ

Sie braucht 625 mℓ.

Du musst $\frac{5}{8}$ von 1 Liter berechnen.
Wandle dazu den Liter in Milliliter **um**.

7 Berechne die Bruchteile.

a) $\frac{2}{3}$ von 18 m
b) $\frac{5}{7}$ von 210 ℓ
c) $\frac{3}{4}$ von 1 kg
d) $\frac{5}{6}$ von 1 h
e) Drei Viertel von 120 €
f) Zwei Fünftel von 5 Stunden

8 Zu Ferienbeginn starten wieder viele Familien in den Urlaub. Welche Strecke müssen die Familien bis zum Zielort noch zurücklegen?

Familie	Müller	Cermal	Seiler	Fray
Gesamtkilometer	150 km	600 km	640 km	750 km
Noch zu fahrende Strecke	$\frac{1}{3}$	$\frac{1}{4}$	$\frac{1}{8}$	$\frac{3}{5}$

3 Unechter Bruch und gemischte Zahl

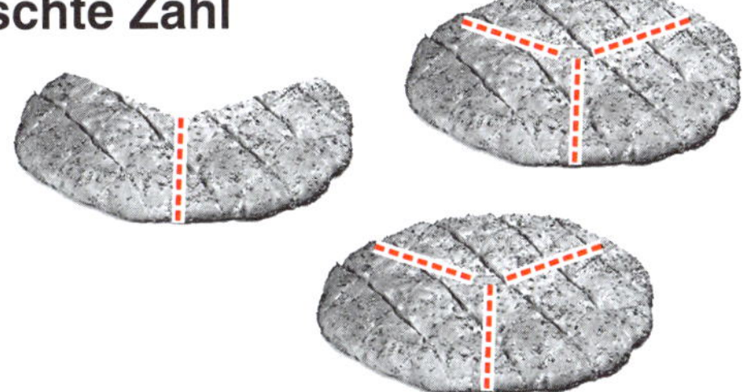

Auf der Geburtstagsfeier von Mesut gab es Döner im Fladenbrot. Mesuts Eltern haben ein paar Brote zu viel gekauft. Wie viele Brote sind übrig geblieben?

- Bei einem **echten Bruch** ist der Zähler **kleiner** als der Nenner, bei einem **unechten Bruch** ist der Zähler **größer** als der Nenner.
- Eine **gemischte Zahl** ist eine Bruchzahl, die **größer als 1** ist. Sie besteht aus einer natürlichen Zahl und einem echten Bruch.
- Jede gemischte Zahl kann man in einen unechten Bruch **umwandeln** und umgekehrt.

Beispiele

1. Wie viele Fladenbrote sind auf Mesuts Feier übrig geblieben? Gib als gemischte Zahl und als unechten Bruch an.

Lösung:

Gemischte Zahl: $2\frac{2}{3}$

Es sind **2 ganze Brote** übrig. Von dem 3. Brot sind nur noch $\frac{2}{3}$ übrig.

Unechter Bruch: $\frac{8}{3}$

Die beiden ganzen Brote kannst du jeweils in $\frac{3}{3}$ aufteilen.

2. Wandle $\frac{15}{4}$ in eine gemischte Zahl um.

Lösung:

$\frac{15}{4} = 3\frac{3}{4}$, denn $15 : 4 = 3$ Rest 3

Jeden Bruch kannst du auch als Quotienten auffassen. Der **Bruchstrich** ist gleichbedeutend mit dem „:“.

3. Wandle $4\frac{5}{8}$ in einen unechten Bruch um.

Lösung:

$$4\frac{5}{8} = \frac{4 \cdot 8 + 5}{8} = \frac{32 + 5}{8} = \frac{37}{8}$$

Multipliziere auf einem gemeinsamen Bruchstrich den Nenner mit der natürlichen Zahl und **addiere** den Zähler.

9 Schreibe den markierten Bruchteil als gemischte Zahl und als unechten Bruch.

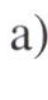

a)

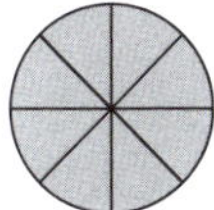
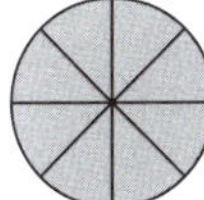
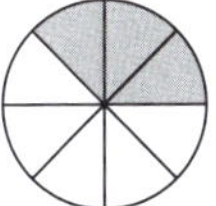

b)

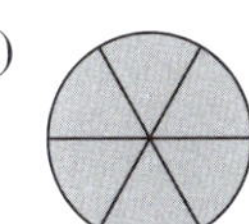
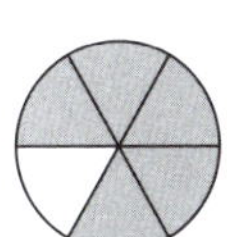

10 Stelle die folgenden Brüche grafisch dar.

a) $1\frac{3}{10}$ b) $3\frac{1}{4}$

c) $\frac{15}{6}$ d) $\frac{12}{5}$

11 Welche Zahlen gehören zusammen?
Finde das Lösungswort.

$2\frac{2}{5}$ 4 $3\frac{1}{6}$ 3 $4\frac{1}{4}$ 5 $1\frac{2}{3}$

☐ ☐ ☐ ☐ ☐ ☐ ☐

12 Wandle die gemischten Zahlen in unechte Brüche um.

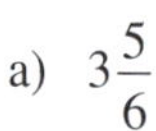

a) $3\frac{5}{6}$ b) $1\frac{1}{4}$

c) $6\frac{2}{3}$ d) $4\frac{5}{8}$

13 Welche Brüche kannst du nicht in gemischte Zahlen umwandeln?
Kreuze an und wandle die restlichen Brüche um.

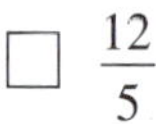

☐ $\frac{12}{5}$ ☐ $\frac{13}{8}$

☐ $\frac{14}{15}$ ☐ $\frac{15}{16}$

☐ $\frac{9}{8}$ ☐ $\frac{15}{4}$

14 Gib jeweils die markierten Zahlen an.

a)

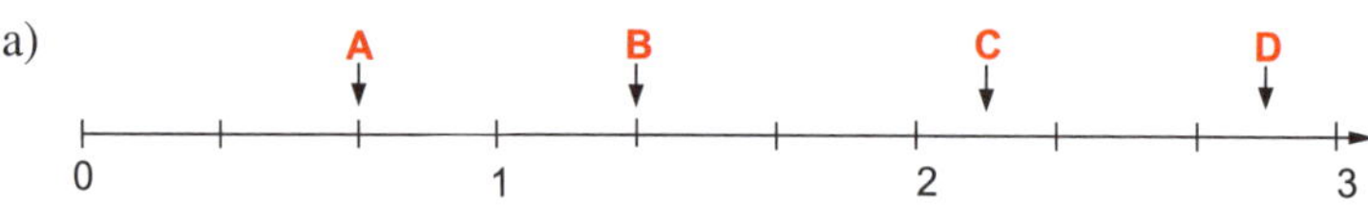

b)

4 Brüche erweitern und kürzen

Julias Mutter hat Obst geschnitten.
„Julia, ich habe für dich **2 viertel** Äpfel aufgehoben.“ Julia meint darauf, dass sie nur **1 halben** Apfel möchte.
Was wird ihre Mutter wohl antworten?

Brüche können unterschiedlich aussehen und trotzdem **denselben Wert** haben. Durch **Kürzen** und **Erweitern** kann man solche Brüche ineinander „umrechnen“.

- Beim **Kürzen** eines Bruches werden Zähler und Nenner durch die gleiche Zahl **dividiert**.
- Beim **Erweitern** eines Bruches werden Zähler und Nenner mit der gleichen Zahl **multipliziert**.

Beispiele

1. Kürze die Brüche $\frac{15}{20}$ und $\frac{12}{16}$ so weit wie möglich.

Lösung:

$$\frac{15}{20} = \frac{15:5}{20:5} = \frac{3}{4}$$

Zähler und Nenner werden durch 5 **dividiert**.

$$\frac{12}{16} = \frac{12:2}{16:2} = \frac{6}{8} = \frac{6:2}{8:2} = \frac{3}{4}$$

Du kannst hier auch sofort **mit 4 kürzen**.

2. Erweitere die Brüche $\frac{2}{3}$ und $3\frac{4}{5}$ mit 4.

Lösung:

$$\frac{2}{3} = \frac{2 \cdot 4}{3 \cdot 4} = \frac{8}{12}$$

Multipliziere Zähler und Nenner mit 4.

$$3\frac{4}{5} = 3\frac{4 \cdot 4}{5 \cdot 4} = 3\frac{16}{20}$$

Bei gemischten Zahlen darfst du nur den **echten Bruch** erweitern oder kürzen. Die natürliche Zahl bleibt unverändert.

15 Hier wurde erweitert. Ergänze die Rechnung und bestimme die Erweiterungszahl.

a)

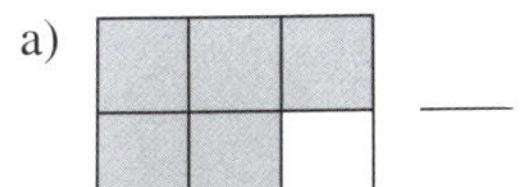

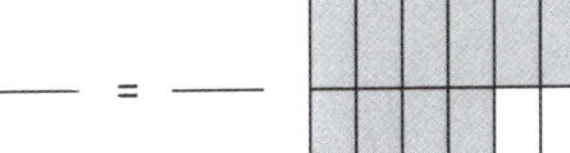

—— = ——

b)

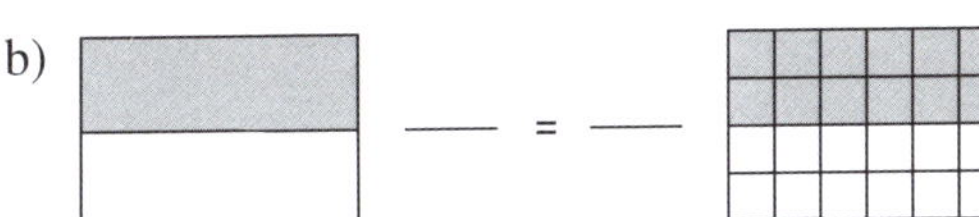

—— = ——

16 Erweitere die Brüche jeweils mit der angegebenen Zahl.

a) $\frac{4}{5}$ und $\frac{7}{9}$ mit 3

b) $\frac{5}{6}$ und $\frac{1}{2}$ mit 2

17 Kürze so weit wie möglich.

a) $\frac{4}{18}$

b) $\frac{6}{9}$

c) $\frac{20}{24}$

d) $\frac{36}{48}$

e) $4\frac{9}{15}$

f) $\frac{21}{9}$

18 Male die Felder, die den gleichen Wert haben, in derselben Farbe aus.

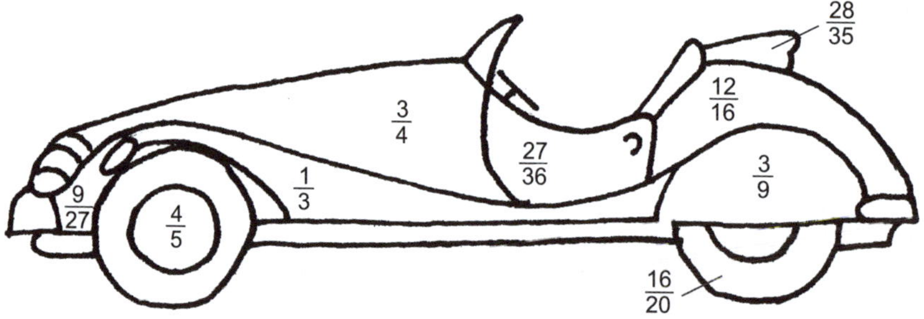

19 Gib an, mit welcher Zahl jeweils gekürzt oder erweitert wurde.

a) $\frac{3}{5} = \frac{9}{15}$

b) $\frac{8}{10} = \frac{4}{5}$

c) $\frac{8}{12} = \frac{2}{3}$

d) $\frac{6}{7} = \frac{18}{21}$

20 Wo wurde richtig gekürzt? Setze = oder ≠ ein.

a) $\frac{2}{4}$ ☐ $\frac{1}{2}$

b) $\frac{3}{4}$ ☐ $\frac{1}{2}$

c) $\frac{4}{6}$ ☐ $\frac{2}{3}$

d) $\frac{4}{12}$ ☐ $\frac{2}{12}$

21 a) Wie viele Achtel sind 1 Halbes?

b) Wie viele Neuntel sind 1 Drittel?

c) Wie viele Zehntel sind 2 Fünftel?

22 Erweitere die Brüche so, dass der Nenner 12 ist.

a) $\frac{1}{2}$ b) $\frac{2}{3}$

c) $\frac{3}{4}$ d) $\frac{5}{6}$

23 Wahr oder falsch? Kreuze an.

	wahr	falsch
a) 3 Neuntel und 1 Drittel haben denselben Wert.	☐	☐
b) Wenn man 2 Fünftel mit 2 erweitert, erhält man 4 Fünftel.	☐	☐
c) 3 Viertel kann man nicht kürzen.	☐	☐
d) 5 Sechstel kann man nicht erweitern.	☐	☐
e) Wenn man 2 Brüche mit derselben Zahl kürzen kann, haben sie sicher den gleichen Wert.	☐	☐

24 Ergänze die fehlenden Zahlen.

a) $\frac{2}{3} = \frac{\square}{9}$ b) $\frac{9}{12} = \frac{3}{\square}$

c) $\frac{\square}{8} = \frac{12}{16}$ d) $\frac{3}{\square} = \frac{15}{25}$

25 In 10 Beuteln befinden sich jeweils rote und blaue Steine. Wenn man einen roten Stein zieht, gewinnt man. Bei welchen Beuteln sind die Gewinnchancen gleich?

Beutel	Rote Steine	Blaue Steine	Gesamtzahl	Gewinnchance
1	8	4	12	
2	5	5	10	
3	3	1	4	
4	1	1		
5	2	1		
6	12	4		
7	4	2		
8	3	3		
9	6	2		
10	6	3		

5 Brüche ordnen und vergleichen

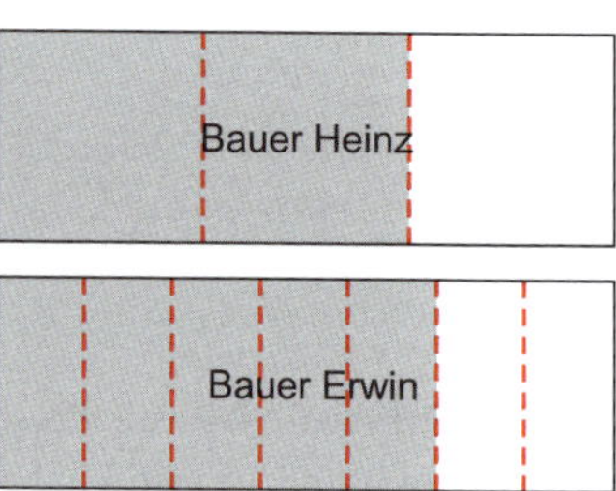

Bauer Heinz und Bauer Erwin wollen auf Teilen ihrer 2 gleich großen Felder Erdbeeren anbauen. Bauer Heinz benutzt dafür $\frac{2}{3}$ seines Feldes, Bauer Erwin pflanzt auf $\frac{5}{7}$ Erdbeeren. Wer pflanzt auf der größeren Fläche Erdbeeren?

Um Brüche zu **vergleichen** oder zu **ordnen**, gehe folgendermaßen vor:
- Mache die Brüche zuerst **gleichnamig**, d. h., bringe sie durch **Kürzen** oder **Erweitern** auf einen möglichst kleinen **gemeinsamen Nenner (Hauptnenner)**.
- Der Bruch, der dann den **größeren Zähler** hat, hat auch den **größeren Wert**.

Beispiel

Pflanzt Bauer Heinz oder Bauer Erwin auf der größeren Fläche Erdbeeren an?

Lösung:

Der gemeinsame Nenner ist 21.

Du musst beide Brüche auf den Nenner 21 **erweitern**.

Bauer Heinz: $\frac{2 \cdot 7}{3 \cdot 7} = \frac{14}{21}$

Der erste Bruch muss dazu **mit 7** erweitert werden.

Bauer Erwin: $\frac{5 \cdot 3}{7 \cdot 3} = \frac{15}{21}$

Den zweiten Bruch musst du **mit 3** erweitern.

$\frac{14}{21} < \frac{15}{21}$

Vergleiche die **Zähler** miteinander.

Bauer Erwin pflanzt auf der größeren Fläche Erdbeeren an.

26 Finde jeweils den kleinsten gemeinsamen Nenner.

a) $\frac{1}{2}$ und $\frac{3}{4}$

b) $\frac{2}{3}$ und $\frac{1}{9}$

c) $\frac{4}{5}$ und $\frac{1}{4}$

d) $\frac{3}{8}$ und $\frac{5}{6}$

27 Trage die folgenden Brüche auf dem Zahlenstrahl ein.

$\frac{1}{15}$; $\frac{1}{2}$; $\frac{2}{3}$; $\frac{4}{15}$; $\frac{4}{5}$; $\frac{1}{3}$; $\frac{1}{5}$

28 Welcher Bruch ist größer? Setze > oder < richtig ein.

a) $\frac{4}{8} \square \frac{5}{8}$ b) $\frac{3}{7} \square \frac{2}{7}$

c) $\frac{3}{5} \square \frac{4}{9}$ d) $\frac{4}{5} \square \frac{7}{8}$

29 Ordne die Brüche der Größe nach. Beginne jeweils mit dem kleinsten Bruch.

a) $\frac{2}{3}$; $\frac{1}{2}$; $\frac{3}{4}$ b) $\frac{5}{6}$; $\frac{7}{9}$; $\frac{3}{4}$

c) $\frac{12}{5}$; $2\frac{3}{5}$; $\frac{10}{4}$ d) $4\frac{2}{3}$; $\frac{25}{6}$; $\frac{18}{4}$

30 Kannst du diese Brüche vergleichen, ohne sie auf einen gemeinsamen Nenner zu bringen? Begründe.

a) $\frac{5}{7}$ und $\frac{5}{8}$ b) $\frac{4}{5}$ und $\frac{4}{6}$

31 Finde jeweils einen Bruch, der unter den Klecksen stehen könnte.

a) $\frac{3}{4} > \frac{\ldots}{\ldots} > \frac{1}{2}$ b) $\frac{2}{3} < \frac{\ldots}{\ldots} < \frac{5}{7}$

32 Beim Freiwurf auf den Basketballkorb trifft Jonas bei 7 von 12 Würfen, Nina trifft bei 9 von 15 Würfen und Marvin trifft bei 3 von 5 Würfen.
Wer ist deiner Meinung nach der „beste" Werfer? Begründe.

33 Auf dem Jahrmarkt gibt es 2 unterschiedliche Glücksräder.
Auf welche Farbe (Weiß, Grau oder Rot) setzt du jeweils, damit du die größten Gewinnchancen hast?

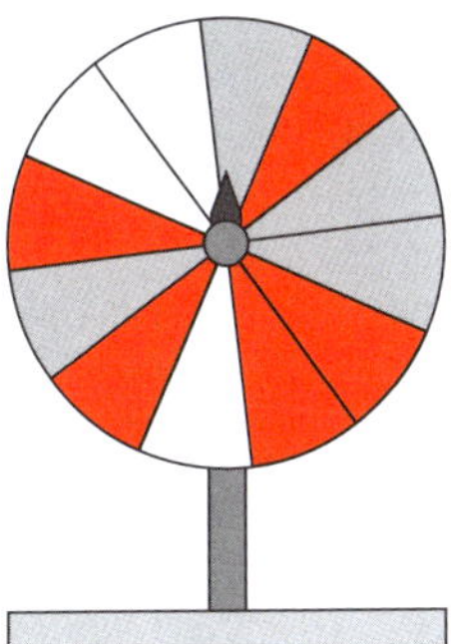

Glücksrad A

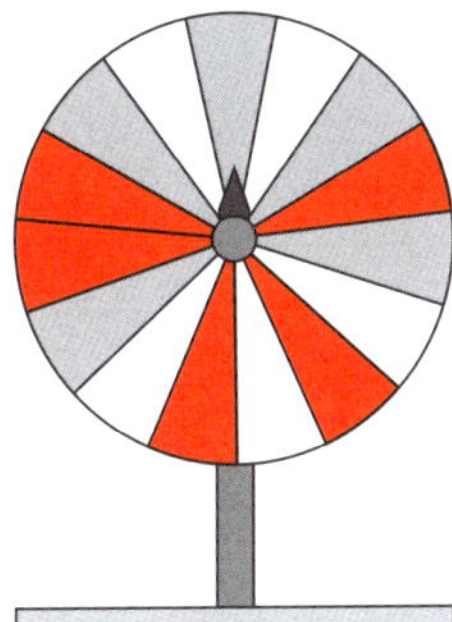

Glücksrad B

6 Dezimalbrüche darstellen

Dezimalbrüche oder Dezimalzahlen sind Zahlen, die ein **Komma** enthalten. Diese Zahlen sind auch Brüche, nur in einer anderen Schreibweise.

Die **Dezimal-** oder **Kommaschreibweise** ist eine einfache Schreibweise für **Brüche** mit den **Nennern 10, 100, 1 000** usw.

- Die Stellen hinter dem Komma werden **Dezimalstellen** genannt: Die 1. Stelle nach dem Komma heißt **Zehntel**, die 2. Stelle heißt **Hundertstel**, die 3. Stelle **Tausendstel** usw.
- Dezimalbrüche kann man in einer nach rechts erweiterten **Stellenwerttafel** oder auf einem **Zahlenstrahl** darstellen.

Beispiele

1. Lies die Zahlen aus der Stellenwerttafel ab und schreibe sie als Brüche.

	Einer (E)	,	Zehntel (z)	Hundertstel (h)	Tausendstel (t)
a)	0	,	6		
b)	0	,	3	2	1
c)	2	,	4	2	

Lösung:

a) $0{,}6 = \frac{6}{\mathbf{10}}$ — 0 Einer, 6 **Zehntel**

b) $0{,}321 = \frac{321}{\mathbf{1\,000}}$ — 0 Einer, 321 **Tausendstel**
Die Stellen hinter dem Komma werden beim Vorlesen von Dezimalzahlen in der Regel **einzeln gesprochen**: null Komma drei zwei eins

c) $2{,}42 = 2\frac{42}{\mathbf{100}}$ — 2 Einer 42 **Hundertstel**

2. Trage die Zahl 25,4 auf einem geeigneten Zahlenstrahl ein.

Lösung:

Du musst für den Zahlenstrahl einen **passenden Bereich** auswählen. Hier ist es sinnvoll, die Werte zwischen 25 und 26 zu betrachten. Ein kleiner Strich entspricht 0,1.

34 Vervollständige die Stellenwerttafel.

	Z	E	,	z	h	t	Dezimalbruch
a)		7	,	5			
b)	5	0	,	4			
c)							35,56
d)		0	,	0	0	4	
e)							0,07
f)							1,008

35 Trage die Dezimalbrüche in eine Stellenwerttafel ein und schreibe sie als Bruch.

a) 0,5
b) 0,75
c) 0,982
d) 0,05
e) 3,45
f) 4,003

36 Schreibe jeweils als Dezimalbruch und als Bruch.

a) 2 Einer, 4 Zehntel
b) 1 Zehntel, 2 Hundertstel
c) 12 Einer, 1 Hundertstel
d) 7 Zehntel, 9 Tausendstel

37 Schreibe die Brüche als Dezimalbrüche.

a) $\frac{3}{10}$
b) $\frac{42}{100}$
c) $\frac{323}{100}$
d) $\frac{55}{1000}$

38 Gib jeweils die markierten Dezimalbrüche an.

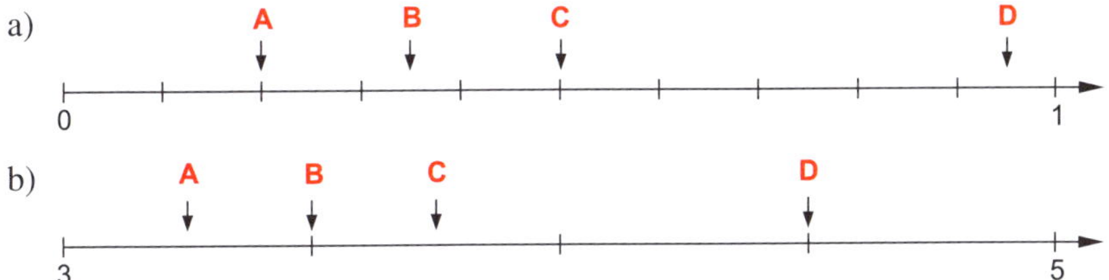

39 Zeichne jeweils selbst einen geeigneten Zahlenstrahl und trage die folgenden Werte ein.

a) 0,5; 1,5; 3; 4,5; 6
b) 2,1; 2,4; 2,8; 3,1
c) 0,01; 0,013; 0,015; 0,018
d) 8,02; 8,06; 8,1; 8,18

7 Dezimalbrüche ordnen und vergleichen

Luisa hat bei einem Weitsprungwettbewerb teilgenommen, bei dem sie **3,35 m** gesprungen ist. Die weiteren Ergebnisse sind auf der Tafel notiert. Auf welchem Platz ist Luisa gelandet?

Um Dezimalbrüche miteinander zu **vergleichen**, musst du die Stellenwerte **von links nach rechts** miteinander vergleichen. Die 1. Stelle, an der die Ziffern verschieden sind, entscheidet, welcher Dezimalbruch größer ist.

Beispiel

Auf welchem Platz ist Luisa gelandet?

Lösung:

$3{,}55 > 3{,}50 > 3{,}39 > \mathbf{3{,}35} > 3{,}27 > 3{,}15$

Sortiere die Weiten von groß nach klein.

Luisa ist auf dem 4. Platz gelandet.

40 Welche Zahl ist größer? Setze > oder < richtig ein.

a) 2,4 ☐ 4,2

b) 5,51 ☐ 5,49

c) 1,09 ☐ 1,10

d) 3,809 ☐ 3,099

41 Bei einem Kugelstoßwettbewerb wurden folgende Weiten notiert:

Name	Alan	Maxi	Carlo	Sandro	Leander	Adrian
Weite	7,56 m	7,24 m	6,99 m	7,59 m	7,20 m	7,02 m

Erstelle die Ergebnisliste von Platz 1 bis Platz 6.

42 Ordne die folgenden Dezimalbrüche der Größe nach. Beginne mit der kleinsten Zahl.

1,09; 0,99; 1,0; 1,10; 0,999; 1,01; 1,009; 1,11

43 Finde Dezimalbrüche, die in die Lücken passen.

a) 3,05 < ________ < ________ < 3,1

b) 2,1 < ________ < ________ < 2,2

c) 0,01 < ________ < ________ < 0,02

d) 5,09 < ________ < ________ < 5,1

8 Bruch – Dezimalbruch – Prozent

Einen Dezimalbruch kann man als Bruch schreiben, indem man die Ziffern als Zähler schreibt und in den Nenner die entsprechende **Stufenzahl** (10, 100, 1 000 usw.) setzt. Selbstverständlich kann aber auch jeder Bruch in einen Dezimalbruch umgewandelt werden.

4 Zehntel

$\frac{4}{10}$

0,4

Um einen **Bruch** in einen **Dezimalbruch** umzuwandeln, gehe am besten wie folgt vor:

- Erweitere oder kürze den Bruch so, dass im **Nenner** eine **Stufenzahl** steht.
- Die Ziffern des **Zählers** geben dir den Dezimalbruch an.
- Der Dezimalbruch hat so viele **Stellen hinter dem Komma**, wie der dazugehörige Bruch Nullen im Nenner hat.

Beispiele

1. Schreibe $\frac{4}{10}$ als Dezimalbruch.

Lösung:

$\frac{4}{10} = 0{,}4$

Der Bruch hat **eine Null** im Nenner, also hat der Dezimalbruch **eine Dezimalstelle**.

2. Erweitere $\frac{3}{40}$ auf eine Stufenzahl und schreibe als Dezimalbruch.

Lösung:

$\frac{3}{40} = \frac{75}{1\,000} = 0{,}075$

Erweitere mit 25 auf den Nenner 1 000. Der Dezimalbruch muss **3 Dezimalstellen** haben. Ergänze direkt nach dem Komma eine Null.

Brüche mit dem **Nenner 100** können auch als Prozente geschrieben werden:

$1\,\% = \frac{1}{100}$

Das **Prozentzeichen** bedeutet dabei so viel wie „Hundertstel“.

Beispiele

1. Schreibe $\frac{40}{100}$ als Prozent und als Dezimalbruch.

Lösung:

$\frac{40}{100} = 40\,\% = 0{,}40$

2. Schreibe 35 % als vollständig gekürzten Bruch.

Lösung:

$35\,\% = \frac{35}{100} = \frac{7}{20}$

Kürze den Bruch mit 5.

44 Ergänze die Tabelle.

	a)	b)	c)	d)	e)	f)
gekürzter Bruch	$\frac{1}{2}$				$\frac{6}{25}$	$\frac{5}{4}$
erweiterter Bruch				$\frac{35}{1\,000}$		
Dezimalbruch		0,74	0,15			

45 Schreibe die Dezimalbrüche als Brüche. Kürze die Brüche so weit wie möglich.

a) 0,45
b) 4,5
c) 0,024
d) 0,06

46 Je 2 Hasen gehören zusammen. Verbinde.

47 Schreibe die Brüche als Dezimalbrüche.

a) 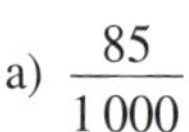 $\frac{85}{1\,000}$

b) $\frac{3}{5}$

c) $\frac{7}{20}$

d) $\frac{14}{25}$

48 Paula behauptet: „Stehen bei einem Dezimalbruch an den letzten Stellen hinter dem Komma Nullen, kann ich sie einfach weglassen.“
Hat Paula recht? Begründe, indem du 0,50 in einen Bruch umwandelst.

49 Streiche jeweils die Zahl durch, die nicht zu den übrigen Zahlen passt.

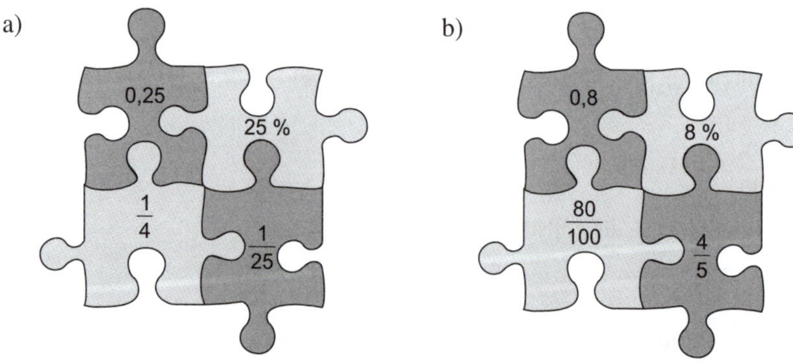

Mit Bruchzahlen rechnen

Wenn man von einer ganzen Pizza Teile wegnimmt und wissen möchte, wie viel noch übrig ist, muss man Bruchzahlen **subtrahieren**.
Aber schon beim Backen der Pizza kann es vorkommen, dass man mit Bruchzahlen rechnen muss. Wenn man für ein Blech Pizza z. B. 0,3 ℓ Wasser benötigt, man aber 3 Bleche machen möchte, muss man die Menge **verdreifachen**.

1 Brüche addieren und subtrahieren

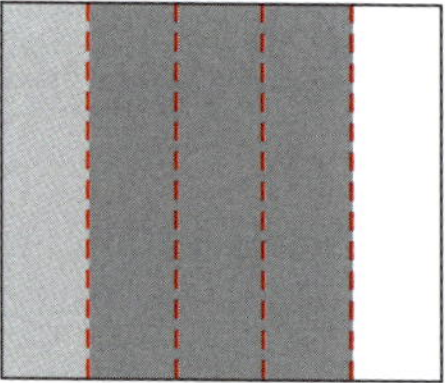

Kai pflastert die Terrasse in seinem Garten neu. Am Freitag pflastert er $\frac{1}{5}$ der gesamten Fläche, am Samstag $\frac{3}{5}$.

Brüche kann man nur **addieren** oder **subtrahieren**, wenn die **Nenner** der Brüche **gleich** sind.

- Um **gleichnamige Brüche** zu **addieren**, addiere die **Zähler** und behalte den Nenner bei.
- Um **gleichnamige Brüche** zu **subtrahieren**, subtrahiere die **Zähler** und behalte den Nenner bei.
- **Am Ende** der Rechnung solltest du das Ergebnis, wenn möglich, **kürzen** und/oder als gemischte Zahl schreiben.

Beispiele

1. Welchen Anteil hat Kai an den beiden Tagen geschafft?

Lösung:

$$\frac{1}{5} + \frac{3}{5} = \frac{1+3}{5} = \frac{4}{5}$$

Addiere die Zähler, der Nenner bleibt **gleich**.

Kai hat an den ersten beiden Tagen $\frac{4}{5}$ der gesamten Fläche gepflastert.

2. Welchen Anteil muss Kai am Sonntag noch pflastern?

Lösung:

$$1 - \frac{4}{5} = \frac{5}{5} - \frac{4}{5} = \frac{5-4}{5} = \frac{1}{5}$$

Die **ganze Fläche** kannst du als $\frac{5}{5}$ schreiben.

Kai muss noch $\frac{1}{5}$ der gesamten Fläche pflastern.

50 Vervollständige jeweils die Darstellung und schreibe die Rechnung auf.

a)

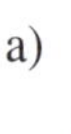

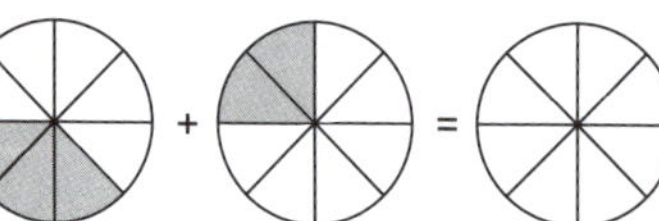

b)

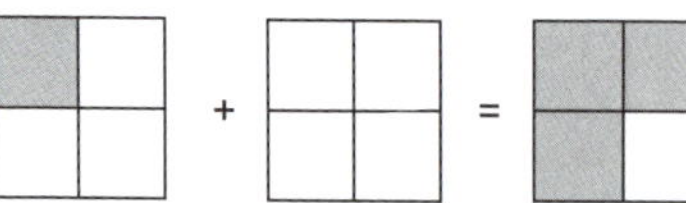

51 Berechne und kürze das Ergebnis, falls möglich.

a) $\frac{5}{12}+\frac{1}{12}$

b) $\frac{2}{7}+\frac{4}{7}$

c) $\frac{7}{15}-\frac{4}{15}$

d) $\frac{19}{20}-\frac{11}{20}$

52 Verbinde die Brüche, die zusammen ein Ganzes ergeben.

53 Löse die Aufgaben im Kopf.

a) $5-\frac{2}{3}$

b) $6-\frac{7}{8}$

c) $7+\frac{2}{7}$

d) $\frac{13}{5}-1$

Bevor Brüche mit **unterschiedlichen Nennern** addiert oder subtrahiert werden können, müssen sie zuerst **gleichnamig** gemacht werden.

Beispiele

1. Addiere die beiden Brüche $\frac{3}{5}$ und $\frac{1}{3}$.

Lösung:

$$\frac{3}{5}=\frac{3\cdot 3}{5\cdot 3}=\frac{9}{\mathbf{15}}$$

Der **gemeinsame Nenner** ist 15.

$$\frac{1}{3}=\frac{1\cdot 5}{3\cdot 5}=\frac{5}{\mathbf{15}}$$

$$\frac{9}{15}+\frac{5}{15}=\frac{9+5}{15}=\frac{14}{15}$$

2. Subtrahiere $\frac{2}{5}$ von $\frac{9}{10}$.

Lösung:

$$\frac{2}{5}=\frac{2\cdot 2}{5\cdot 2}=\frac{4}{\mathbf{10}}$$

Der **gemeinsame Nenner** ist 10.

$$\frac{9}{10}-\frac{4}{10}=\frac{9-4}{10}=\frac{5}{10}=\frac{1}{2}$$

Kürze am Ende.

54 Bilde jeweils die Summe und die Differenz der beiden Brüche.

a) $\frac{7}{9}$; $\frac{2}{3}$

b) $\frac{5}{6}$; $\frac{3}{4}$

c) $\frac{5}{8}$; $\frac{1}{6}$

d) $\frac{9}{10}$; $\frac{4}{5}$

55 Berechne und kürze so weit wie möglich. Ordne die Ergebnisse von klein nach groß und du erhältst ein Lösungswort.

I $\frac{7}{8}-\frac{3}{4}+\frac{1}{2}$

E $\frac{2}{3}+\frac{5}{6}-\frac{1}{2}$

L $\frac{5}{8}-\frac{1}{4}+\frac{2}{3}$

G $\frac{3}{4}+\frac{5}{6}-\frac{2}{3}$

Lösungswort: ☐☐☐☐

56 Schreibe die Rechnungen auf und bestimme die Ergebnisse.

a) Addiere 1 Sechstel und 5 Sechstel.

b) Subtrahiere von 9 Zehnteln 3 Zehntel.

c) Ermittle die Summe aus 2 Dritteln und 5 Sechsteln.

d) Bestimme die Differenz aus 7 Neunteln und 2 Fünfteln.

57 Chiara hat bei ihren Rechnungen Fehler gemacht. Kannst du die Fehler erklären und berichtigen?

a) $\frac{3}{4}+\frac{1}{3}=\frac{4}{7}$

b) $\frac{1}{3}+\frac{3}{8}=\frac{1+3}{24}=\frac{4}{24}=\frac{1}{6}$

c) $7-\frac{3}{8}=\frac{7-3}{8}=\frac{4}{8}=\frac{1}{2}$

d) $\frac{1}{2}+\frac{3}{4}=\frac{3}{6}+\frac{3}{4}=\frac{3}{10}$

58 Vervollständige die Rechentabellen. Kürze die Ergebnisse, wenn möglich. Bei b werden die Zahlen aus der ersten Spalte von den Zahlen in der ersten Zeile subtrahiert.

a)

+	$\frac{1}{8}$	$\frac{1}{4}$	
$\frac{3}{8}$			
$\frac{1}{6}$			$\frac{11}{24}$
$\frac{5}{12}$			

b)

−	$\frac{8}{9}$	$\frac{2}{3}$	
$\frac{2}{9}$			
$\frac{7}{18}$			
$\frac{2}{5}$			$2\frac{3}{5}$

59 Bei welcher Aufgabe kommt jeweils das höhere Ergebnis heraus?
Setze >, = oder < richtig ein.

a) $\frac{1}{4}+\frac{3}{8} \square \frac{7}{8}-\frac{1}{4}$ b) $\frac{5}{9}+\frac{1}{6} \square \frac{7}{9}-\frac{1}{6}$

c) $\frac{3}{4}-\frac{1}{2} \square \frac{7}{12}-\frac{1}{3}$ d) $\frac{4}{5}-\frac{2}{3} \square \frac{1}{3}-\frac{1}{9}$

60 Wandle die gemischten Zahlen in unechte Brüche um und berechne dann.

a) $\frac{12}{5}-1\frac{2}{5}$ b) $2\frac{3}{4}+\frac{2}{5}$

c) $\frac{14}{4}-2\frac{1}{2}$ d) $3\frac{2}{3}+4\frac{1}{6}$

61

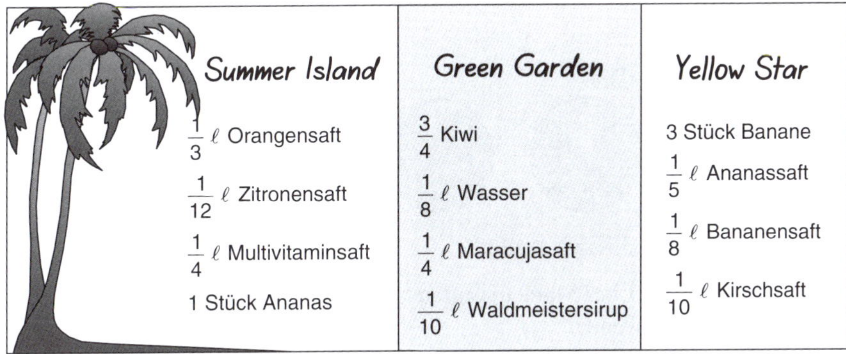

a) Aus wie vielen Litern Flüssigkeit bestehen die einzelnen Cocktails?

b) Bei welchem Cocktail bekommt man am meisten zu trinken?

c) Erfinde selbst Fragen zu den Cocktails und beantworte sie.

62 Im Feriencamp spielt Marc am Sport-Vormittag 1 Viertel der Zeit Badminton und 1 Drittel der Zeit Tischtennis. Nadja spielt 1 Sechstel der Zeit Völkerball und 3 Fünftel der Zeit Volleyball. Welcher Anteil des Vormittages bleibt den beiden für eine 3. Sportart?

63 Luis behauptet, dass er $\frac{1}{3}$ des Tages schläft, $\frac{1}{4}$ des Tages zur Schule geht, $\frac{1}{8}$ des Tages vor dem Computer sitzt, $\frac{1}{8}$ des Tages Sport treibt, $\frac{1}{16}$ des Tages Hausaufgaben macht, $\frac{1}{16}$ des Tages isst und $\frac{1}{16}$ des Tages fernsieht.

a) Glaubst du Luis? Begründe.

b) Wie sieht dein Tag in Brüchen aus?

2 Brüche multiplizieren

Für einen Green-Garden-Cocktail werden $\frac{3}{4}$ einer Kiwi benötigt.
Hannah überlegt, wie viele Kiwis sie kaufen muss, wenn sie die 4-fache Menge machen möchte.

Man **multipliziert** einen Bruch **mit einer natürlichen Zahl**, indem der **Zähler** mit der natürlichen Zahl multipliziert wird; der **Nenner** bleibt **unverändert**.

Beispiele

1. Wie viele Kiwis muss Hannah kaufen? Stelle auch grafisch dar.

Lösung:

$$\frac{3}{4} \cdot 4 = \frac{3 \cdot 4}{4} = \frac{12}{4} = \frac{3}{1} = 3$$

Steht eine **1 im Nenner**, kannst du den Zähler als natürliche Zahl schreiben.

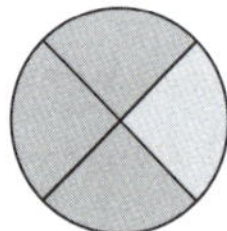 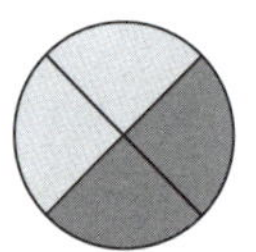 

Hannah muss 3 Kiwis kaufen.

2. Hannah hat 3 Liter Maracujasaft gekauft. $\frac{3}{5}$ davon möchte sie für die Cocktails verwenden.
Wie viele Liter sind das?

Lösung:

$$3 \cdot \frac{3}{5} = \frac{3 \cdot 3}{5} = \frac{9}{5} = 1\frac{4}{5}$$

Das Wort **von** (oder **davon**) bedeutet oft, dass man **multiplizieren** muss.

Das sind $1\frac{4}{5}$ Liter.

64 Löse die Aufgaben grafisch.

a) $3 \cdot \frac{1}{8}$

b) $\frac{3}{16} \cdot 4$

65 Wie lautet jeweils das Ergebnis?

a) $2 \cdot \frac{2}{5}$

b) $4 \cdot \frac{6}{7}$

c) $\frac{3}{5} \cdot 3$

d) $\frac{5}{9} \cdot 9$

66 Finde passende Fragen und berechne.

a) Tim gibt von seinen 15 € Taschengeld ein Drittel für Süßigkeiten aus.

b) Für einen Kuchen benötigt Jenny ein Viertel von 2 kg Mehl.

c) Am letzten Tag vor den Schulferien hat Lisa nur 4 Schulstunden. Eine Schulstunde dauert eine Dreiviertelstunde.

d) Eine Packung Kartoffelbrei reicht für 4 Personen. Man benötigt dafür $\frac{1}{2}$ Liter Milch und $\frac{1}{3}$ Liter Wasser.
Marias Mutter macht für 12 Personen Kartoffelbrei.

- **Brüche** werden miteinander **multipliziert**, indem man **Zähler mit Zähler** und **Nenner mit Nenner** multipliziert:
  $\frac{\text{Zähler} \cdot \text{Zähler}}{\text{Nenner} \cdot \text{Nenner}}$
- **Gemischte Zahlen** werden vor dem Multiplizieren in unechte Brüche **umgewandelt**.

Beispiel

Berechne die Aufgabe und löse auch grafisch.

$\frac{3}{4} \cdot \frac{2}{3}$

Lösung:

$\frac{3}{4} \cdot \frac{2}{3} = \frac{3 \cdot 2}{4 \cdot 3} = \frac{6}{12} = \frac{1}{2}$

Multipliziere Zähler mit Zähler und Nenner mit Nenner. Kürze am Ende.

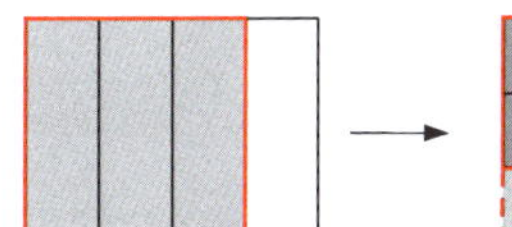

Markiere zuerst 3 Viertel von einem Ganzen.
Von diesen 3 Vierteln nimmst du 2 Drittel.
Das sind dann 6 Zwölftel vom Ganzen.

67 Löse die Aufgaben grafisch und rechnerisch.

a) $\frac{3}{4} \cdot \frac{2}{7}$

b) $\frac{1}{2} \cdot \frac{5}{6}$

c) $\frac{6}{7} \cdot \frac{3}{5}$

d) $\frac{2}{3} \cdot \frac{7}{9}$

68 Ergänze die fehlenden Zahlen.

a) $\frac{3}{5} \cdot \frac{\square}{3} = \frac{3}{15}$ b) $\frac{2}{\square} \cdot \frac{2}{3} = \frac{4}{15}$

c) $\frac{1}{3} \cdot \frac{\square}{\square} = \frac{4}{9}$ d) $\frac{\square}{\square} \cdot \frac{3}{4} = \frac{9}{16}$

69 Berechne. Wandle dazu die gemischten Zahlen in unechte Brüche um.

a) $3\frac{4}{5} \cdot 2\frac{1}{3}$ b) $8\frac{1}{4} \cdot 3\frac{2}{3}$

70 Wahr oder falsch? Kreuze richtig an.

	wahr	falsch
a) Die Hälfte von 4 Fünfteln sind 2 Fünftel.	□	□
b) 1 Drittel von 2 Dritteln ist 1 Drittel.	□	□
c) 2 Fünftel von 4 Siebteln sind 8 Siebtel.	□	□
d) 5 Sechstel von 3 Vierteln sind 5 Achtel.	□	□
e) 3 Viertel von 1 Halben sind 1 Viertel.	□	□

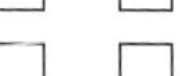

71 Steffi behauptet, dass in 15 Flaschen zu einem $\frac{3}{4}$ Liter mehr Flüssigkeit passt als in 8 Flaschen zu $1\frac{1}{2}$ Litern. Stimmt das?

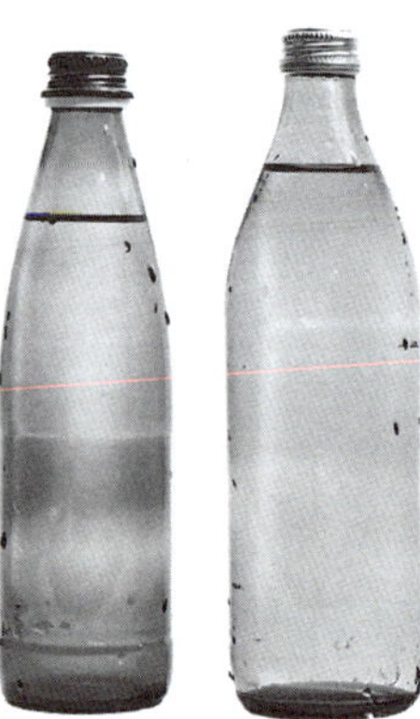

72 Finde jeweils 2 Multiplikationsaufgaben, bei denen die folgenden Ergebnisse herauskommen.

a) $\frac{3}{4}$ b) $\frac{4}{9}$

c) $\frac{5}{6}$ d) $\frac{3}{8}$

73 Erstelle mithilfe der vorgegebenen Zahlenkarten jeweils die Multiplikationsaufgabe …

a) mit dem höchsten Ergebnis.

b) mit dem niedrigsten Ergebnis.

$\frac{1}{2}$ $\frac{3}{4}$ $\frac{5}{6}$ $\frac{3}{5}$

Um das Rechnen mit zu hohen Zahlen zu vermeiden, solltest du **vor der Multiplikation kürzen.**

Beispiel

Prüfe, ob du vor dem Multiplizieren kürzen kannst.

$\frac{2}{3} \cdot \frac{9}{10}$

Lösung:

$$\frac{2}{3} \cdot \frac{9}{10} = \frac{\cancel{2}^{1} \cdot 9}{3 \cdot \cancel{10}^{5}} = \frac{1 \cdot \cancel{9}^{3}}{\cancel{3}^{1} \cdot 5} = \frac{1 \cdot 3}{1 \cdot 5} = \frac{3}{5}$$

Du kannst **10** mit **2** und **9** mit **3** jeweils „über Kreuz" kürzen.

74 Bei welchen Aufgaben kannst du vor der Rechnung kürzen? Kreuze an.

☐ $\frac{4}{9} \cdot \frac{6}{7}$ ☐ $\frac{2}{9} \cdot \frac{4}{3}$

☐ $\frac{1}{2} \cdot \frac{1}{4}$ ☐ $\frac{5}{6} \cdot \frac{3}{10}$

75 Berechne. Kürze zuerst, wenn möglich.

a) $\frac{2}{9} \cdot \frac{3}{8}$ b) $4 \cdot \frac{3}{8}$

c) $\frac{5}{6} \cdot 3$ d) $\frac{4}{5} \cdot \frac{5}{6}$

e) $2\frac{2}{3} \cdot 1\frac{1}{8}$ f) $4\frac{1}{6} \cdot 3\frac{2}{3}$

76 Welcher Teil der gesamten Kinder ist jeweils gesucht?

a) $\frac{8}{9}$ der Kinder waren schon einmal beim Kegeln, davon hat aber erst $\frac{1}{3}$ alle 9 Kegel abgeräumt.

b) $\frac{6}{7}$ der Kinder haben ein Schwimmabzeichen; davon hat $\frac{1}{3}$ der Kinder das Bronze-Abzeichen, die Hälfte hat das Silber-Abzeichen und $\frac{1}{6}$ hat Gold.

c) $\frac{1}{3}$ der Kinder besitzt ein Waveboard; jedoch kann nur die Hälfte davon auch wirklich damit fahren.

3 Brüche durch natürliche Zahlen dividieren

Elli teilt sich mit ihrem Bruder eine Pizza. Überraschend bekommt sie Besuch von ihren 2 Freundinnen, sodass sie nun ihre **halbe Pizza** in 3 gleich große Teile zerlegen möchte.

- Man **dividiert** einen Bruch durch eine natürliche Zahl, indem man den **Nenner mit der natürlichen Zahl multipliziert**. Der Zähler bleibt unverändert.
- Prüfe auch beim Dividieren, ob du vor der Rechnung **kürzen** kannst.
- Um **gemischte Zahlen** durch eine natürliche Zahl zu dividieren, wandle sie zuerst in einen unechten Bruch um.

Beispiel

Welchen Anteil von der gesamten Pizza bekommt jedes der 3 Mädchen? Fertige auch eine Skizze an.

Lösung:

$\frac{1}{2} : 3 = \frac{1}{2 \cdot 3} = \frac{1}{6}$

Jedes der Mädchen bekommt $\frac{1}{6}$ von der gesamten Pizza.

77 Löse die Aufgaben.

a) $\frac{2}{3} : 2$ b) $\frac{5}{8} : 3$

c) $\frac{2}{7} : 4$ d) $\frac{4}{9} : 5$

78 Franziska kontrolliert noch einmal ihre Rechnungen.
Wo haben sich Fehler eingeschlichen? Korrigiere, falls notwendig.

a) $\frac{4}{5} : 4 = \frac{16}{5}$ b) $\frac{5}{6} : 4 = \frac{5}{24}$

79 Ergänze die fehlenden Zahlen.

a) $\frac{5}{6} : \square = \frac{5}{18}$ b) $\frac{3}{8} : \square = \frac{3}{16}$

c) $\frac{\square}{\square} : 4 = \frac{1}{16}$ d) $\frac{\square}{\square} : 5 = \frac{2}{25}$

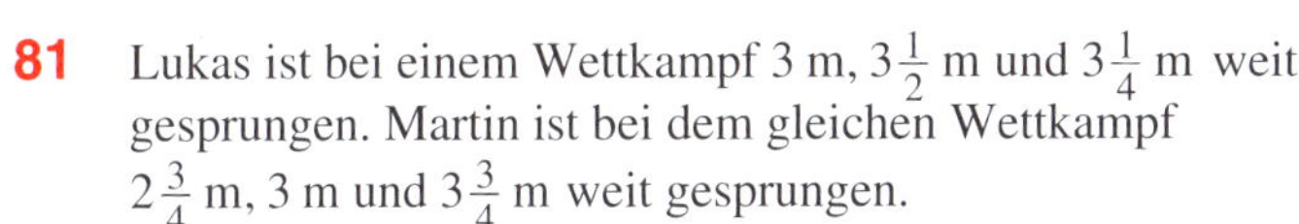

80 Eine $1\frac{1}{2}$-Liter-Flasche Saft soll gerecht auf 6 Gläser verteilt werden. Wie viel Saft ist dann in jedem Glas?

81 Lukas ist bei einem Wettkampf 3 m, $3\frac{1}{2}$ m und $3\frac{1}{4}$ m weit gesprungen. Martin ist bei dem gleichen Wettkampf $2\frac{3}{4}$ m, 3 m und $3\frac{3}{4}$ m weit gesprungen.

a) Berechne jeweils die durchschnittliche Sprungweite von Martin und Lukas.

b) Wer ist deiner Meinung nach der bessere Springer? Begründe.

82 Im Werkunterricht sollen Kantenmodelle von Weihnachtssternen gebastelt werden. Berechne jeweils die Länge einer Seite, wenn man für einen Stern $1\frac{1}{4}$ m Draht zur Verfügung hat und alle Kantenlängen eines Sterns gleich lang sein sollen.

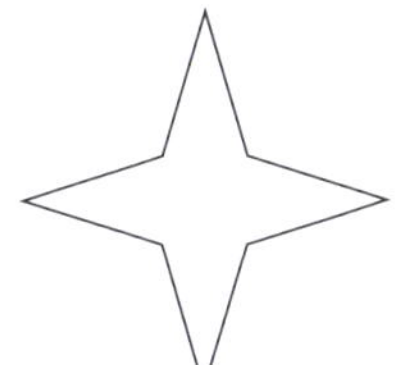  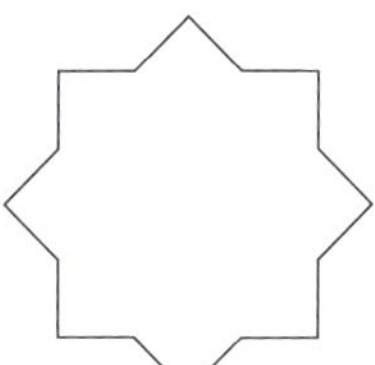

83 Berechne. Achte auf die Punkt-vor-Strich-Regel.

a) $\frac{4}{5} \cdot \frac{2}{3} + \frac{1}{6} =$

b) $\frac{3}{2} - \frac{1}{4} \cdot \frac{3}{4} =$

c) $\frac{4}{5} : 4 + \frac{2}{3} \cdot \frac{2}{5} =$

d) $\frac{9}{10} \cdot \frac{5}{3} - \frac{1}{2} \cdot \frac{5}{6} =$

84 Würfle dir deine Rechenaufgabe selbst:
Mit dem 1. Wurf bestimmst du das Rechenzeichen deiner Aufgabe. Würfle dann mit 4 Würfeln (oder mit einem Würfel weitere 4 Mal) und setze die gewürfelten Zahlen so in die Rechnung ein, dass dein Ergebnis möglichst groß wird.

$\frac{\text{1. Zähler}}{\text{1. Nenner}}$ Rechen-zeichen $\frac{\text{2. Zähler}}{\text{2. Nenner}} =$

4 Dezimalbrüche runden

Wenn man Weiten, Zeiten oder andere Größen aus der Realität angibt, muss man sich überlegen, wie viele Stellen hinter dem Komma **sinnvoll** sind. Hierbei hilft dir oft die Frage:
„Wie **genau** kann ich überhaupt messen?"

Dezimalbrüche kann man, ähnlich wie natürliche Zahlen, **runden**.

- Dabei entscheidet die Ziffer **hinter der Stelle**, auf die gerundet werden soll, ob die Zahl auf- oder abgerundet wird.
- Steht dort eine 1, 2, 3 oder 4, **rundest** du **ab**. Die Ziffer an der gewünschten Stelle bleibt stehen, alle Dezimalstellen danach kannst du **weglassen**.
- Bei den Zahlen 5, 6, 7, 8 oder 9 **rundest** du **auf**. Die Ziffer an der gewünschten Stelle wird um 1 erhöht, alle Dezimalstellen danach kannst du **weglassen**.

Beispiel

Runde 2,8541 auf Tausendstel und Zehntel.

Lösung:

auf Tausendstel: 2,85**41** ≈ 2,854

Die 3. Stelle hinter dem Komma ist die Tausendstelstelle. Die Zahl dahinter entscheidet, ob auf- oder abgerundet wird. Bei 1 wird **abgerundet**.

auf Zehntel: 2,**85**41 ≈ 2,9

Die 1. Stelle hinter dem Komma ist die Zehntelstelle. Die Zahl dahinter entscheidet, ob auf- oder abgerundet wird. Bei 5 wird **aufgerundet**.

85 Runde die angegebenen Zahlen.

	Ausgangswerte	auf Einer	auf Zehntel	auf Hundertstel
a)	12,360			
b)	5,507			
c)	8,146			
d)	0,008			
e)	12,798			
f)	0,455			
g)	0,999			

86 Wurde hier richtig oder falsch gerundet?
Kreuze an und korrigiere, falls nötig.

	richtig	falsch
a) 345,5 ≈ 345	☐	☐
b) 2,098 ≈ 2,1	☐	☐
c) 0,567 ≈ 0,57	☐	☐
d) 1,505 ≈ 1,6	☐	☐
e) 1,899 ≈ 1,9	☐	☐
f) 0,005 ≈ 0,1	☐	☐

87 a) Petras Laufzeit wurde gerundet mit 9,3 Sekunden angegeben. Schreibe 6 mögliche Zeiten auf.

b) Björns Wurfweite wurde gerundet mit 31,5 m angegeben. Schreibe 6 mögliche Weiten auf.

88 Runde die Größen sinnvoll.

a) Nach dem Tanken zeigt die Zapfsäule folgende Preise an:
56,452 €
60,001 €
32,895 €
15,15 €

b) Als zulässiges Gesamtgewicht von Anhängern findet man in einem Prospekt folgende Angaben:
565,3 kg
753,8 kg
1 234 kg
2 454,54 kg

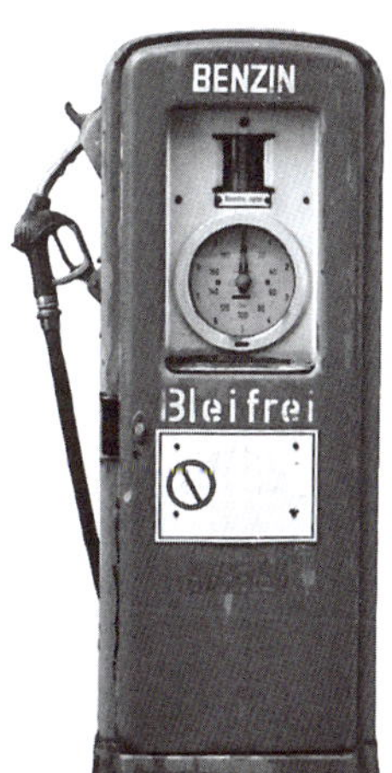

89 Erkan hat sich von einem Routenplaner im Internet die Länge verschiedener Schulwege berechnen lassen:
Weg A: 2 525,25 m **Weg B:** 2 811,9 m **Weg C:** 2 720 m **Weg D:** 2 484,98 m

a) Welcher Weg ist der weiteste, welcher Weg der kürzeste?

b) Runde die Strecken sinnvoll.

c) Gib die Länge der Wege jeweils in km an.

d) Gib die Länge der Wege jeweils in km und auf Hundertstel gerundet an.

e) Gib die Länge der Wege jeweils in km und auf Zehntel gerundet an.

5 Dezimalbrüche addieren und subtrahieren

Um herauszufinden, welche Klasse beim Sportfest insgesamt schneller war, werden jeweils die 3 besten Zeiten über 50 m addiert und miteinander verglichen.

6 a		6 b	
Martin	7,95 s	Lucia	7,9 s
Keno	8,0 s	Michael	8,04 s
Marta	8,15 s	Liliane	8,2 s

Gehe beim **Addieren** und **Subtrahieren** von Dezimalbrüchen wie folgt vor:

- Schreibe die Zahlen so untereinander, dass die **Kommas genau untereinander** stehen.
- Damit jede Zahl gleich viele Stellen hinter dem Komma hat, musst du fehlende **Nullen ergänzen**.
- Addiere und subtrahiere wie gewohnt und vergiss das **Komma im Ergebnis** nicht.

Beispiele

1. Addiere die Zeiten der 6 a und die der 6 b. Welche Klasse war schneller?

Lösung:

6 a:
```
  7,95
+ 8,00
+ 8,15
   1 1
------
 24,10
```

6 b:
```
  7,90
+ 8,04
+ 8,20
   1
------
 24,14
```

Schreibe **Komma unter Komma** und ergänze fehlende **Nullen**.

Die Klasse 6 a war schneller.

24,10 < 24,14

2. Wie viele Sekunden war Lucia schneller als Michael?

Lösung:

```
  8₁,04
- 7 ,90
-------
  0,14
```

Vergiss den Übertrag nicht.

Lucia war 0,14 s schneller als Michael.

90 Berechne im Kopf.

a) 7,3 + 0,5

b) 15,6 + 1,2

c) 6 + 0,8

d) 12,98 − 0,04

e) 8 − 0,9

f) 23,42 − 3,4

91 Übertrage die Aufgaben in dein Heft und berechne jeweils das Ergebnis.

a)
```
    2,95
    0,49
+   6,32
```

b)
```
   12,409
   19,088
+   3,861
```

c)
```
   13,96
-   4,27
```

d)
```
   58,011
-  30,699
```

92 Bilde jeweils die Summe und die Differenz aus den beiden angegebenen Zahlen.

a) 45,07 33,76

b) 0,054 0,03

c) 8,05 0,045

d) 876,7 32,78

93 Kannst du erkennen, wie die Zahlenfolgen aufgebaut sind?
Setze sie um jeweils 2 Zahlen fort.

a) 0,02 0,05 0,08 ____ ____

b) 1,95 2,1 2,25 ____ ____

c) 10,01 11,02 12,03 ____ ____

d) 3,33 3,25 3,17 ____ ____

e) 1,15 0,9 0,65 ____ ____

94 Bei welcher Rechenschlange erhältst du das größere Ergebnis?

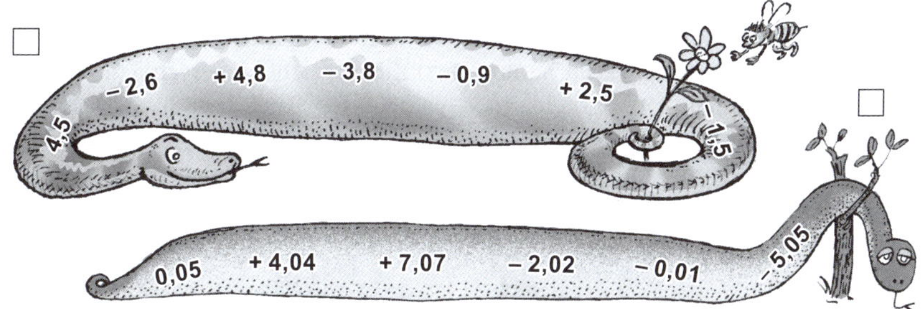

95 Wandle die Maßangaben in die größere Einheit um und berechne das Ergebnis.

a) 4 300 g + 2,5 kg

b) 99,8 m + 44 dm

c) 65,23 € – 774 ct

d) 0,92 km – 222 m

96 Ergänze die magischen Quadrate so, dass die Summe in allen Zeilen und Spalten 10 ergibt.

a)

	1,9	
4,7		2,5
2,8		1,9

b)

	1,6	
		3,6
5,7	2,7	

97 Die Zahlen auf 2 benachbarten Bonbons werden addiert. Das Ergebnis steht auf dem Bonbon darüber. Ergänze die fehlenden Werte.

a) b)

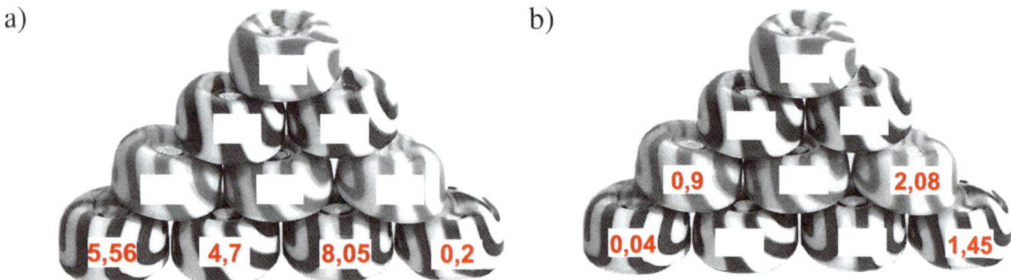

98 Bei einem 4×50-m-Staffellauf starten für die Heinrich-Heine-Schule Michaela, Franzi, Adriane und Kerstin. Im Training lief Michaela die 50 m in 7,89 s, Franzi benötigte 8,45 s, Adriane lief 8,4 s und Kerstin benötigte für die 50 m 9,01 s. Mit welcher Gesamtzeit kann die Staffel beim Wettbewerb rechnen?

99 In den Sommerferien trainiert Samuel für einen Waldlauf und möchte dafür in 4 Wochen insgesamt 50 km laufen. In der 1. Woche schafft er 7 800 m, in der 2. Woche läuft er 9 200 m, in der 3. Woche kommt er auf 12,4 km und in der letzten Woche läuft er 15 km. Hat Samuel sein Ziel erreicht? Überschlage zuerst und rechne dann genau.

100 Jana kauft für ihre Mutter Obst und Gemüse ein. Wie viel kg muss sie nach Hause tragen?

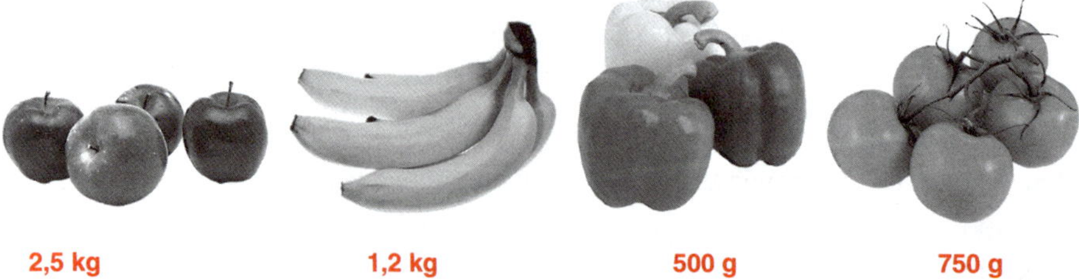

2,5 kg 1,2 kg 500 g 750 g

6 Dezimalbrüche multiplizieren

Auf dem Markt gibt es 2 Stände mit Spargel: Ölkers und Wandt.
Ein Koch kauft für sein Menü am Abend **10 kg** Spargel am Marktstand Wandt ein.
Wie viel muss der Koch bezahlen?

- **Multiplizierst** du einen Dezimalbruch **mit 10**, musst du das Komma nur **um eine Stelle nach rechts verschieben** (bei 100 um 2 Stellen nach rechts usw.).
- Bei der **Multiplikation** von Dezimalbrüchen kannst du zuerst, **ohne** auf das **Komma** zu achten, wie bei natürlichen Zahlen rechnen. Setze dann das Komma so, dass das Ergebnis **genauso viele Nachkommastellen** hat **wie die beiden Faktoren zusammen**.

Beispiele

1. Der Koch kauft beim Marktstand Wandt 10 kg Spargel ein.
Wie viel muss er bezahlen?

Lösung:
5,85 € · 10 = 58,5 €

Bei der Multiplikation **mit 10** wird das Komma um eine Stelle **nach rechts verschoben**.

Der Koch muss 58,50 € bezahlen.

Geldbeträge werden immer mit 2 Nachkommastellen angegeben.

2. Marita kauft 2,3 kg Spargel bei Ölkers ein.
Wie viel muss Marita bezahlen?

Lösung:
```
5,49 · 2,3
----------
  1098
   1647
   1 1
----------
  12,627
```

Die beiden Faktoren haben **zusammen** 3 Nachkommastellen. Es müssen also auch im Ergebnis **3 Nachkommastellen** stehen.

Marita muss bei Ölkers für 2,3 kg Spargel 12,63 € bezahlen.

Runde das Ergebnis so, dass du einen sinnvollen Geldbetrag erhältst.

101 Berechne im Kopf.

a) 2,05 · 10
b) 0,45 · 10
c) 12,004 · 100
d) 365,5 · 10
e) 0,03 · 100
f) 34,5 · 100

102 Wie lauten die fehlenden Zahlen?

a) $0{,}5 \cdot \square = 5$
b) $2{,}38 \cdot \square = 238$
c) $\square \cdot 10 = 52{,}45$
d) $0{,}1 \cdot \square = 0{,}794$
e) $\square \cdot 6{,}98 = 0{,}698$
f) $\square \cdot 2\,387{,}5 = 2{,}3875$

103 Setze das Komma im Ergebnis.

a) $4{,}5 \cdot 7 = 3\ 1\ 5$
b) $0{,}8 \cdot 56 = 4\ 4\ 8$
c) $0{,}5 \cdot 23{,}4 = 1\ 1\ 7\ 0$
d) $76{,}45 \cdot 56{,}5 = 4\ 3\ 1\ 9\ 4\ 2\ 5$
e) $267 \cdot 5{,}88 = 1\ 5\ 6\ 9\ 9\ 6$
f) $87{,}04 \cdot 23{,}7 = 2\ 0\ 6\ 2\ 8\ 4\ 8$

104 Löse die Multiplikationsaufgaben.

a) $5 \cdot 1{,}9$
b) $8{,}3 \cdot 4{,}1$
c) $3{,}2 \cdot 7{,}2$
d) $3{,}85 \cdot 6{,}7$
e) $0{,}35 \cdot 1{,}9$
f) $5{,}68 \cdot 0{,}15$

105 Heute ist bei den Marktständen viel Betrieb.

a) Walter kauft Spargel bei Wandt ein. Die Waage zeigt 1,45 kg an. Wie viel muss Walter bezahlen?

b) Wie viel Geld spart Familie Sander, wenn sie 2,5 kg Spargel beim Marktstand Ölkers und nicht bei Wandt kauft?

c) Stelle selbst Fragen zu der Marktsituation und beantworte sie.

106 In ein Regal passen genau 12 Ordner, die jeweils 8,25 cm breit sind. Berechne die Regalbreite.

107 Conny kauft 3 Flaschen Apfelsaft, 5 Becher Buttermilch, 200 g Käse und 3 Eis. Sie bezahlt mit einem 20-€-Schein.

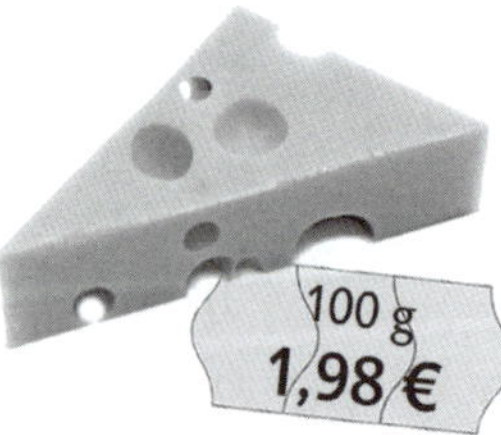

7 Dezimalbrüche dividieren

Wie teuer ist eigentlich ein Ei?

Bio-Eier

10 Stück 4,39 €
6 Stück 2,58 €

Eier aus Freilandhaltung

10 Stück 3,49 €
6 Stück 2,04 €

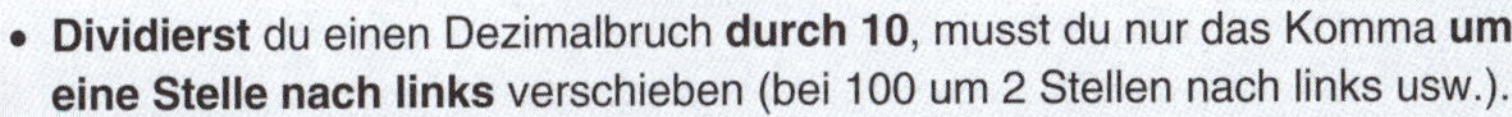

- **Dividierst** du einen Dezimalbruch **durch 10**, musst du nur das Komma **um eine Stelle nach links** verschieben (bei 100 um 2 Stellen nach links usw.).
- Wenn du einen Dezimalbruch durch eine andere natürliche Zahl dividierst, kannst du wie bei natürlichen Zahlen rechnen. Beachte aber: **Überschreitest** du **das Komma** im Dividenden, musst du auch **im Ergebnis ein Komma** setzen.

Beispiel

Ist ein Bio-Ei aus der 10er-Packung genauso teuer wie ein Bio-Ei aus der 6er-Packung?

Lösung:

Ei aus der 10er-Packung:

4,39 : 10 = 0,439 € ≈ 44 ct

Dividiert man **durch 10**, wird das Komma einfach um eine Stelle **nach links verschoben**.

Ei aus der 6er-Packung:

2,58 : 6 = 0,43 € = 43 ct
0
25
24
 18
 18
  0

Die 6 geht 0-mal in die 2.
Sobald du die **Zahl hinter dem Komma nach unten** ziehst (hier die 5), musst du auch im Ergebnis das **Komma setzen**.

Das Bio-Ei in der 6er-Packung ist 1 ct billiger.

108 Karen stellt sich noch mehr Fragen zu den Eiern:

a) Ist ein Ei aus Freilandhaltung in der 10er-Packung billiger als ein Ei aus Freilandhaltung in der 6er-Packung?

b) Wie groß ist der Preisunterschied zwischen einem Ei aus Freilandhaltung und einem Bio-Ei? Berechne jeweils für die 10er- und die 6er-Packung.

109 Bei jeweils 3 Aufgaben kommt das gleiche Ergebnis heraus. Kennzeichne in derselben Farbe.

12,5 : 10	0,125 · 100	12,5 · 10	1,25 · 100
1,25 : 10	0,0125 · 100	12,5 : 100	1 250 : 10
125 : 10	0,0125 · 10	1,25 · 10	1 250 : 1 000

110 Überschlage und setze dann das Komma im Ergebnis richtig.

a) 500,5 : 5 = 1 0 0 1
b) 86,4 : 8 = 1 0 8
c) 696,6 : 6 = 1 1 6 1
d) 35,35 : 7 = 5 0 5

111 Berechne.

a) 10,8 : 9
b) 67,2 : 12
c) 73,05 : 15
d) 3,85 : 7
e) 4,32 : 12
f) 177,1 : 14

112 Ein Supermarkt macht Werbung für eine 10er-Woche: Wenn man 10 Artikel des gleichen Produktes kauft, bekommt man einen Sonderpreis.
Berechne jeweils die Ersparnis.

Produkt	Einzelpreis	10er-Angebot
Schokoriegel	0,80 €	7,40 €
Joghurt	0,45 €	3,99 €
Schnellhefter	0,50 €	3,99 €
Bleistift	1,20 €	10,50 €

113 Wie viel würde jeweils ein einzelner Artikel kosten?

114 Löse die Aufgaben. Denke dabei an die Punkt-vor-Strich-Regel.

a) 20,5 : 5 − 3,89
b) 4,58 + 8,01 · 0,6
c) 15,48 : 6 − 0,85 · 0,1
d) 1,05 · 2,44 + 38,24 : 4

Wenn du einen Dezimalbruch durch einen anderen Dezimalbruch dividierst, musst du bei Dividend und Divisor das **Komma** um so viele Stellen **nach rechts** verschieben, bis der **Divisor eine natürliche Zahl** ist.

Beispiele

1. Berechne: 43,75 : 3,5

Lösung:

437,5 : 35 = 12,5
35
 87
 70
 175
 175
 0

Verschiebe das Komma bei beiden Zahlen um **eine Stelle** nach rechts, damit der Divisor eine natürliche Zahl ist. Rechne dann wie gewohnt.

Mithilfe einer **Überschlagsrechnung** kannst du überprüfen, ob die Größenordnung deines Ergebnisses stimmt: 44 : 4 = 11

2. Berechne: 16,2 : 0,45

Lösung:

1620 : 45 = 36
135
 270
 270
 0

Verschiebe das Komma bei beiden Zahlen um **2 Stellen** nach rechts, damit der Divisor eine natürliche Zahl ist. Beim Dividenden musst du dafür eine Null **ergänzen**.

115 Berechne die folgenden Aufgaben. Verschiebe, falls nötig, vorher das Komma.

a) 14,72 : 3,2 b) 29,9 : 0,65
c) 78,6 : 12 d) 527 : 6,2
e) 569,5 : 6,7 f) 57 : 3,8

116 Justus hat bei seinen Rechnungen das Komma falsch gesetzt. Kannst du die Fehler finden und verbessern? Eine Überschlagsrechnung kann dir helfen.

a) 405 : 7,5 = 540 b) 117 : 3,25 = 360
c) 30,6 : 0,85 = 3,6 d) 16,8 : 4,8 = 0,35

117 30 als Ergebnis!

a) Male alle Felder, die das Ergebnis 30 haben, farbig aus. Berechne im Kopf.

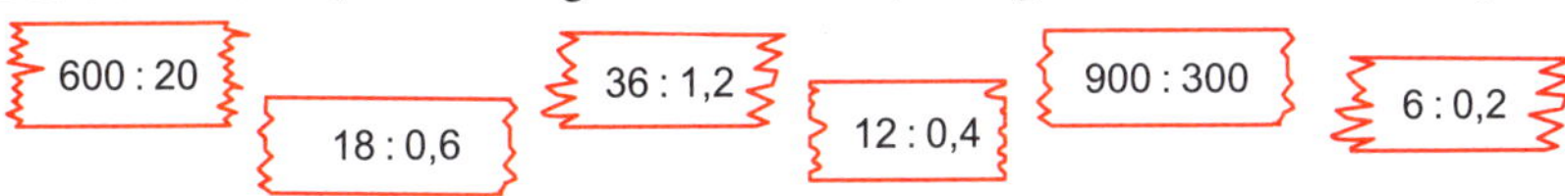

b) Erfinde 5 eigene Divisionsaufgaben mit dem Ergebnis 30.

Vermischte Aufgaben

118 Berechne. Achte dabei auf die Klammer-vor-Punkt-vor-Strich-Regel. Kommen in der Rechnung Brüche und Dezimalbrüche vor, musst du zunächst alle Zahlen in die gleiche Schreibweise umwandeln.

a) $0{,}5+0{,}5\cdot 4+0{,}5$

b) $1{,}8:(0{,}3+0{,}6)$

c) $\frac{1}{4}\cdot 6+4\cdot\frac{2}{3}$

d) $\frac{1}{2}\cdot(0{,}8+0{,}4)$

e) $\frac{3}{4}+8\cdot 0{,}25-\frac{1}{4}$

f) $\left(\frac{2}{5}+0{,}4\right)\cdot 2-\frac{4}{5}$

119 Setze das Muster fort und berechne jeweils das Ergebnis.

a) $3\,000:300+400\cdot 0{,}025=$
$300:30+40\cdot 0{,}25=$
$30:3+4\cdot 2{,}5=$
_____ : _____ + _____ · _____ =
_____ : _____ + _____ · _____ =

b) $0{,}002\cdot 500-1\,000\cdot 0{,}001=$
$0{,}02\cdot 50-100\cdot 0{,}01=$
_____ · _____ – _____ · _____ =
_____ · _____ – _____ · _____ =

120 Finde für das Kästchen jeweils eine Zahl, sodass die Rechnung stimmt.

a) $2{,}5-\square=0{,}5$

b) $4\cdot\square+0{,}2=1$

c) $\square+0{,}6\cdot 2-0{,}4=1$

d) $\square+\square+\square=1{,}8$

e) $\square\cdot\left(\frac{1}{2}+\frac{1}{4}\right)=1\frac{1}{2}$

f) $\frac{4}{5}-\square=\square$

121 Für 3 Cocktails werden 0,4 ℓ Bananensaft, $\frac{1}{2}$ ℓ Kirschsaft und $\frac{3}{5}$ ℓ Wasser benötigt.
Aus wie viel Flüssigkeit besteht ein Cocktail?

122 Für einen Kuchenteig werden 0,25 ℓ Milch, $\frac{1}{2}$ kg Mehl, $\frac{1}{5}$ kg Zucker und 3 Eier mit je 0,1 kg angemischt.
Wie schwer ist der Teig, wenn ein Liter Flüssigkeit etwa 1 kg wiegt?

Rationale Zahlen

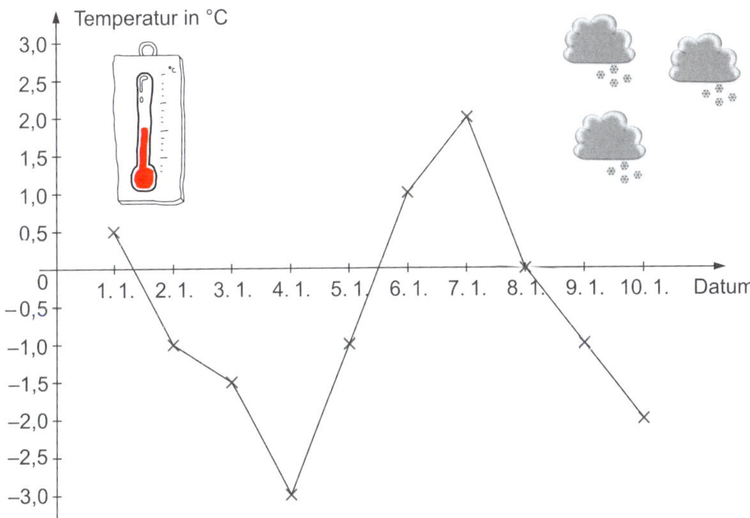

Genau wie bei den positiven Zahlen reichen auch bei den negativen Zahlen die ganzen Zahlen ℤ nicht immer aus. Manche Sachverhalte müssen noch **viel genauer** gemessen und dargestellt werden. Aus diesem Grunde braucht man den **Zahlenraum ℚ**, der positive und negative Brüche und Dezimalbrüche beinhaltet.

1 Das erweiterte Koordinatensystem

Um die **Lage eines Punktes** exakt zu beschreiben, kann ein Koordinatensystem verwendet werden. Bisher kannst du darin nur mit positiven Koordinaten arbeiten. Wenn man die x-Achse über den Ursprung hinaus **nach links** und die y-Achse **nach unten** verlängert, können auch negative Koordinaten eingetragen werden.

- Ein Koordinatensystem besteht aus einer **waagrechten Zahlengeraden** (x-Achse) und einer **senkrechten Zahlengeraden** (y-Achse).
- Die Zahlengeraden schneiden sich an ihren Nullpunkten. Dieser Schnittpunkt wird **Ursprung** genannt.
- Die x- und die y-Achse trennen das Koordinatensystem in 4 Bereiche, die sogenannten **Quadranten**. Sie werden **gegen** den Uhrzeigersinn mit 1., 2., 3. und 4. nummeriert.

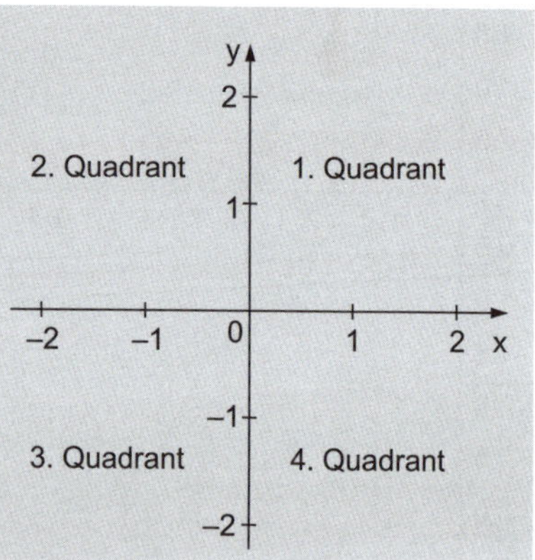

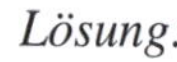

Beispiel

Zeichne die Punkte A(–1 | –2), B(2 | –2), C(1 | 1) und D(–2 | 1) in ein Koordinatensystem ein. In welchem Quadranten liegen sie jeweils?

Lösung:

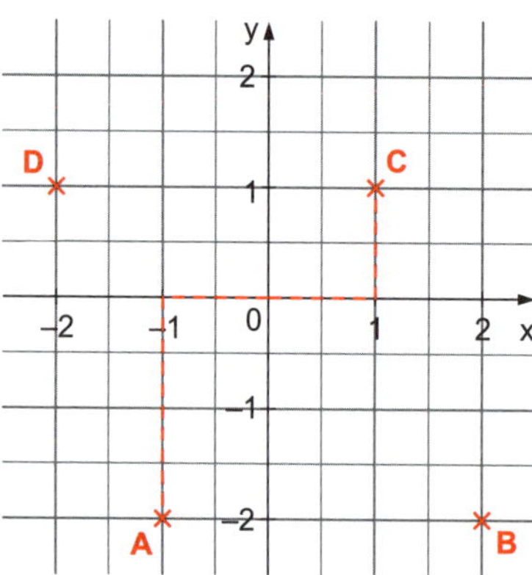

Gehe **zuerst** auf der **x-Achse** nach rechts (bei positiven Werten) oder links (bei negativen Werten). Gehe **dann** auf der **y-Achse** nach oben oder unten.

A liegt im 3. Quadranten, B im 4. Quadranten, C im 1. Quadranten und D liegt im 2. Quadranten.

123 Beschrifte zunächst die Achsen und Quadranten des Koordinatensystems. Lies dann die Koordinaten der eingezeichneten Punkte ab.

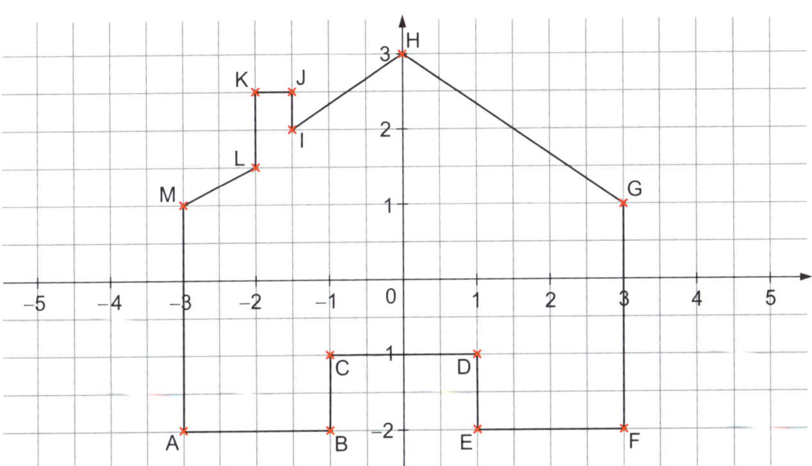

124 Zeichne ein Koordinatensystem, das jeweils von –5 bis 5 geht. Trage dann die folgenden Punkte ein und verbinde sie der Reihe nach. Welche Figur kannst du erkennen?
A(–4|–2); B(–2,5|–0,5); C(–1,5|–2); D(2,5|–2); E(4,5|–0,5); F(4,5|1,5); G(–1,5|1,5); H(–2,5|0); I(–4|1,5)

125 Zeichne für jede Teilaufgabe ein passendes Koordinatensystem. Überlege dazu zuerst, in welchem Quadranten die Koordinaten liegen. Zeichne die Punkte dann ein.

a) A(–4|–4); B(–2|–4); C(–2|–2); D(–4|–2)

b) E(–2|1); F(–1|–2); G(1|–2); H(2|1)

c) I(3|–3); J(3|–2); K(2|–2); L(2|–3)

126 Ergänze die fehlenden Koordinaten jeweils so, dass die 4 Punkte ein Quadrat ergeben.

a) A(–2|2); B(–2|1); C(–1|1); D(?|?)

b) A(?|?); B(0|–1); C(2|–1); D(2|1)

c) A(–3|–1); B(–3|–3); C(?|?); D(–1|–1)

d) A(3,5|0,5); B(?|?); C(2,5|–0,5); D(3,5|–0,5)

2 Rationale Zahlen vergleichen

Eine bestimmte Eissorte sollte, damit sie besonders gut schmeckt, eine Temperatur von **genau 0 °C** haben. Ein Mitarbeiter hat stündlich von 13.00 Uhr bis 18.00 Uhr die Temperatur des Eises gemessen und die Werte notiert.

13.00 Uhr: −1,3 °C
14.00 Uhr: −0,8 °C
15.00 Uhr: −0,2 °C
16.00 Uhr: +0,6 °C
17.00 Uhr: 0,0 °C
18.00 Uhr: −0,4 °C

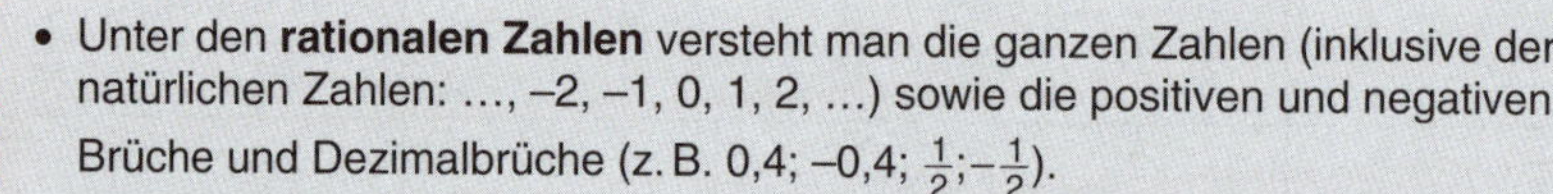

- Unter den **rationalen Zahlen** versteht man die ganzen Zahlen (inklusive der natürlichen Zahlen: …, −2, −1, 0, 1, 2, …) sowie die positiven und negativen Brüche und Dezimalbrüche (z. B. 0,4; −0,4; $\frac{1}{2}$; $-\frac{1}{2}$).
- Um rationale Zahlen miteinander zu **vergleichen**, kannst du sie auf der Zahlengeraden eintragen. **Je weiter rechts** eine Zahl auf der Zahlengeraden steht, **desto größer** ist sie.

Beispiele

1. Sortiere die gemessenen Temperaturen von klein nach groß.

Lösung:

Wenn man Zehntel auf einer Zahlengeraden eintragen möchte, muss man den Maßstab und den **Ausschnitt der Zahlengeraden** passend wählen. Hier entspricht 0,1 z. B. 0,5 cm.

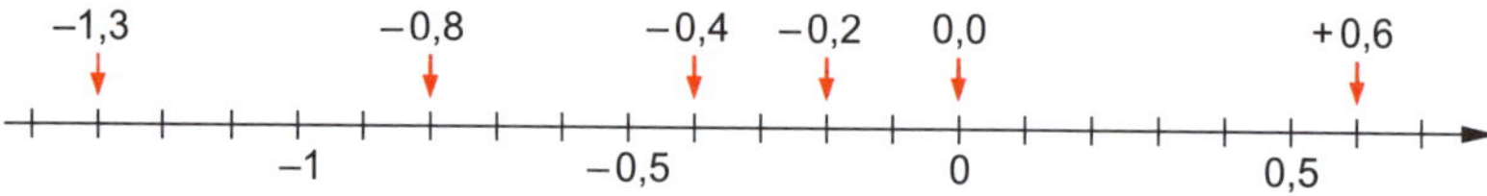

Der Größe nach sortiert: $-1{,}3 < -0{,}8 < -0{,}4 < -0{,}2 < 0{,}0 < +0{,}6$

2. Trage die Bruchzahlen $-1\frac{1}{4}$, $-\frac{3}{4}$, $-\frac{1}{2}$, $+\frac{1}{4}$, $+1\frac{1}{2}$ auf der Zahlengeraden ein.

Lösung:

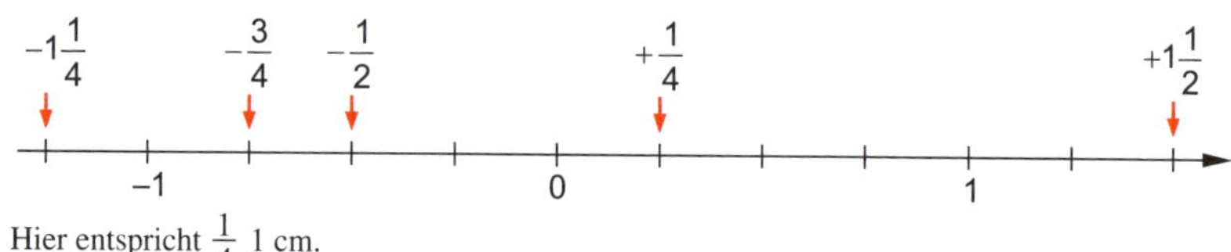

Hier entspricht $\frac{1}{4}$ 1 cm.

127 Schreibe die Zahlenangaben jeweils mit dem richtigen Vorzeichen.

a) Die Temperatur liegt heute 4,5 °C unter null.

b) Tom hat bei seiner Mutter 34,20 € Schulden.

c) Sarah braucht für einen Schokokuchen $\frac{1}{2}$ kg Mehl.

d) Niklas bekommt zum Geburtstag 25,80 € geschenkt.

e) Die Titanic liegt 3 803 m unter dem Meeresspiegel.

128 Martha hat in einer Winternacht stündlich die exakte Außentemperatur gemessen und in folgende Grafik eingetragen.

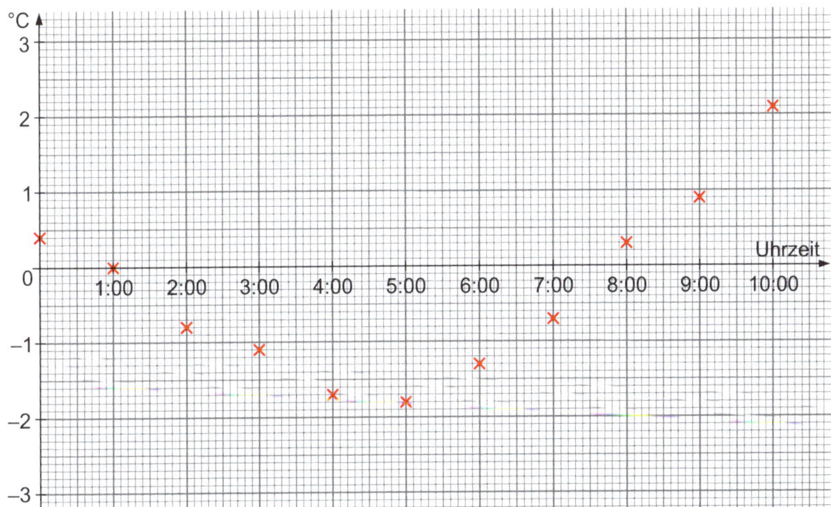

a) Lies die Temperatur zu jeder vollen Stunde ab.

b) Um wie viel Uhr war die Temperatur am höchsten, wann war sie am niedrigsten?

c) Zu welchen Zeiten lag die Temperatur unter –1 °C?

129 Vergrößere das abgebildete Thermometer und übertrage es in dein Heft.
Trage dann die Temperaturen ein.

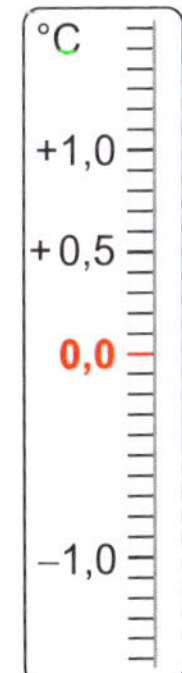

a) –1,5 °C
b) –0,3 °C
c) +0,7 °C
d) –1,1 °C
e) $+1\frac{1}{2}$ °C
f) $-\frac{1}{2}$ °C

130 Ordne die Kontostände von klein nach groß.

a) 110 €; –10 €; 10 €; –1 €; –11 €

b) 0,30 €; 0,03 €; –0,30 €; –0,03 €

c) –12 €; 11 €; –10 €; 11,10 €; –10,10 €

131 Welche Bruchzahlen sind auf den Zahlengeraden markiert?

a)

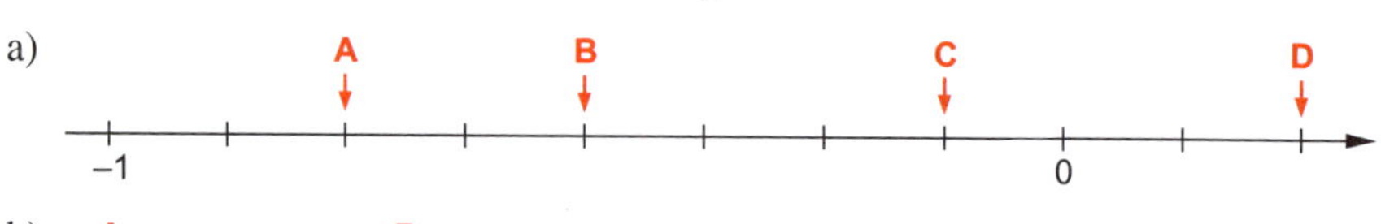

b)

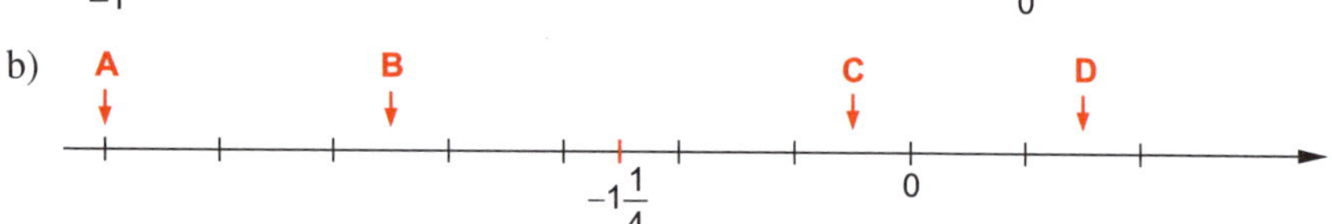

132 Ordne die Zahlen der Größe nach. Zeichne dazu jeweils eine geeignete Zahlengerade und trage die Brüche und Dezimalbrüche ein.

a) –0,5; 1,5; –2,5; –3,5; 0,5

b) $-\frac{3}{4}$; $\frac{1}{2}$; 0; $\frac{3}{4}$; $-\frac{1}{4}$

c) –0,4; –0,8; $-\frac{1}{10}$; $\frac{8}{10}$; 0,2

133 Setze < oder > richtig ein.

a) 1 □ –2

b) –2,5 □ 2

c) –4 □ –0,04

d) –0,05 □ –0,5

e) $\frac{1}{3}$ □ $-\frac{1}{3}$

f) $-\frac{4}{5}$ □ $-\frac{3}{5}$

134 Ordne die Zahlen jeweils von klein nach groß. Bei welcher Aufgabe ergibt sich ein sinnvolles Lösungswort und wie lautet es?

a) 0,4 **A** –0,4 **D** 0,8 **E** –1,2 **R** –1,4 **L**

b) 0,25 **K** $-\frac{3}{4}$ **F** $-\frac{1}{4}$ **L** $\frac{3}{4}$ **E** $-\frac{1}{2}$ **A**

c) –2,5 **L** $1\frac{1}{2}$ **M** $-\frac{2}{8}$ **I** $\frac{1}{10}$ **N** $2\frac{3}{4}$ **A**

Lösungswort: □ □ □ □ □

135 Finde jeweils 3 Zahlen, die zwischen den beiden angegebenen Zahlen liegen.

a) –2 und 2

b) –1,1 und –0,5

c) –1 und 0

d) –1,1 und –1,0

e) –0,07 und –0,08

f) $-\frac{1}{2}$ und $-\frac{1}{4}$

3 Rationale Zahlen addieren und subtrahieren

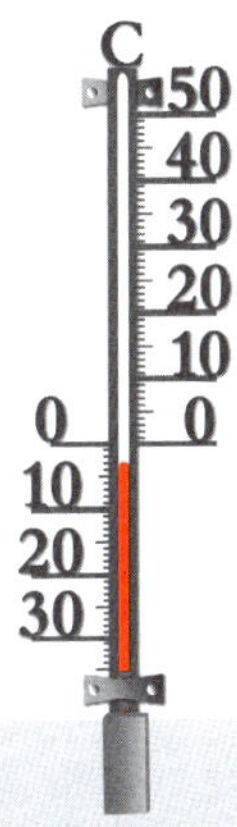

Als Lena am Montagmorgen die Temperatur am Thermometer abliest, hat es –3 °C. Nach der Schule stellt sie fest, dass die Temperatur mittlerweile um 4,5 °C **gestiegen** ist. Bis zum Abend ist die Temperatur wieder um 3,5 °C **gefallen**.
Wie viel Grad hat es am Abend?

Zustandsänderungen bei rationalen Zahlen kann man gut mithilfe der **Zahlengeraden** darstellen.

- **Addiert** man einen Wert, so geht man auf der Zahlengeraden nach **rechts**.
- **Subtrahiert** man einen Wert, so geht man auf der Zahlengeraden nach **links**.

eispiele

1. Auf wie viel Grad ist die Temperatur bis nach der Schule gestiegen?

Lösung:

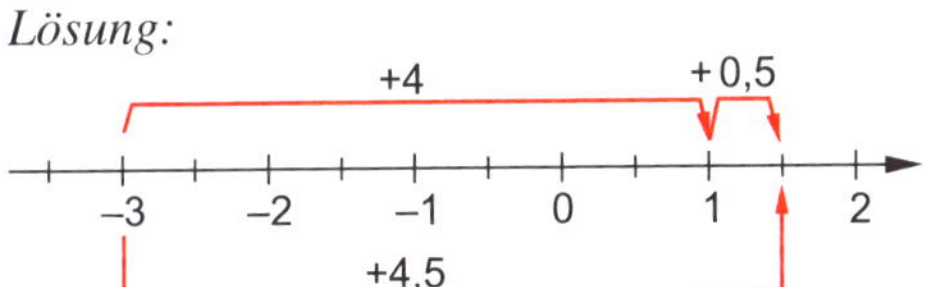

$-3\,°C + 4{,}5\,°C = 1{,}5\,°C$

Die Temperatur ist auf 1,5 °C gestiegen.

Da die Temperatur **gestiegen** ist, wird 4,5 **addiert**. Du musst auf der Zahlengeraden also nach **rechts** gehen.
Du kannst schrittweise rechnen und 4 ganze und dann 0,5 Schritte nach rechts gehen.
Du kannst aber auch gleich 4,5 Schritte nach rechts machen.

2. Wie viel Grad hat es am Abend?

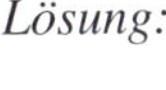
Lösung:

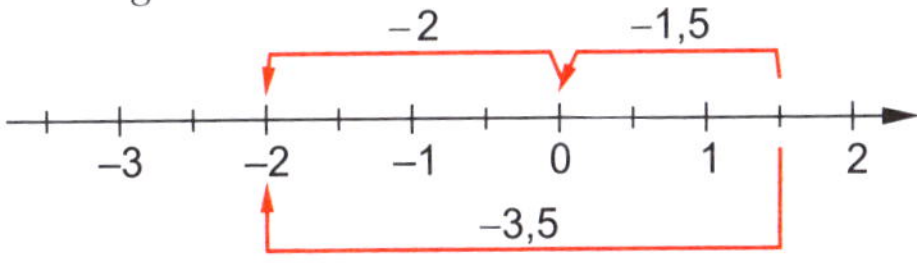

$1{,}5\,°C - 3{,}5\,°C = -2\,°C$

Am Abend hat es –2 °C.

Da die Temperatur **gefallen** ist, wird 3,5 **subtrahiert**. Du musst auf der Zahlengeraden also nach **links** gehen.
Du kannst schrittweise rechnen und erst 1,5 Schritte bis zur 0 gehen und dann noch mal 2 Schritte bis –2.
Du kannst aber auch gleich 3,5 Schritte nach links machen.

136 Entscheide, ob bei den Aufgaben addiert oder subtrahiert werden muss.

a) Die Temperatur ist von –3 °C um 2,5 °C gefallen.

b) Aylins Kontostand liegt bei –15,20 €. Sie zahlt 7,80 € ein.

c) Ole fliegt von Köln (37 m über NN) ans Tote Meer, das 467 m tiefer liegt.

137 Notiere jeweils die auf der Zahlengerade dargestellte Rechnung mit Ergebnis.

a)

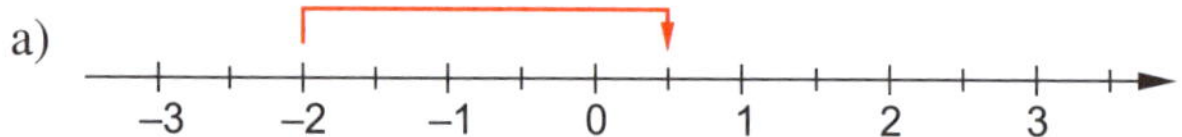

b)

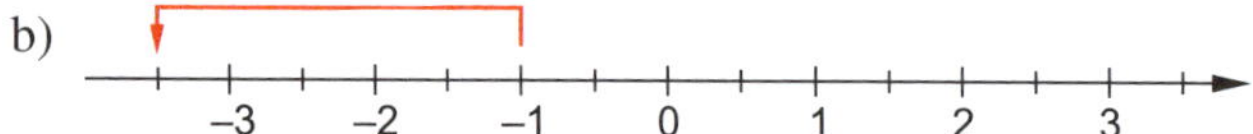

c)

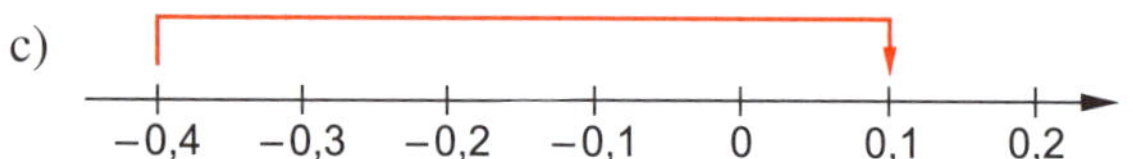

d)

–0,4 –0,3 –0,2 –0,1 0 0,1 0,2

e)

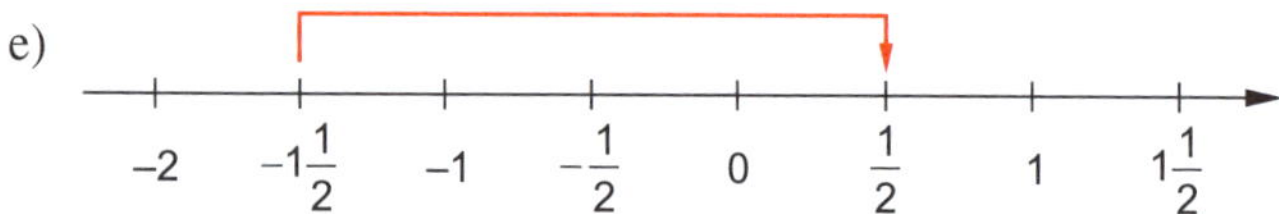

f)

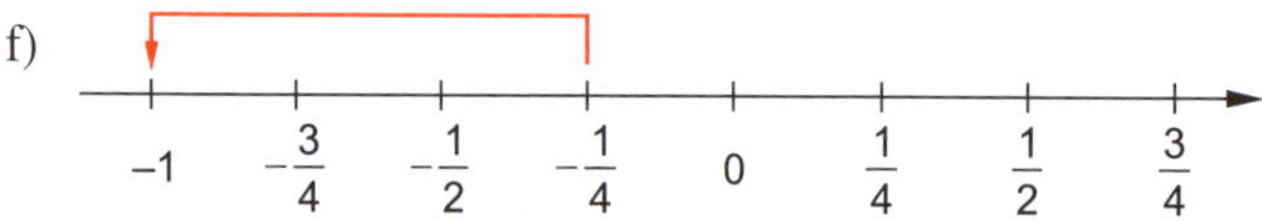

138 Ergänze die fehlenden Werte in der Rechenmauer. Die Summe von 2 Zahlen in benachbarten Würfeln steht dabei in dem Würfel darüber.

139 Berechne die neuen Kontostände.

	a)	b)	c)	d)	e)	f)
Alter Betrag	5,50 €	–12,40 €	–18,20 €	–14,40 €	2,30 €	–22,10 €
Bewegung	–6,00 €	–5,30 €	+16,10 €	+20,00 €	–6,50 €	+24,00 €
Neuer Betrag						

140 Stelle die folgenden Aufgaben jeweils an einer Zahlengeraden dar und berechne das Ergebnis.

a) $-0{,}5+2{,}5-1{,}5$

b) $5{,}5-6+0{,}5$

c) $-\frac{5}{8}+\frac{3}{8}-\frac{1}{8}$

d) $-\frac{3}{7}+\frac{5}{7}-\frac{4}{7}$

141 Auf der Homepage des Skigebiets Steinplatte sind die Temperaturen von Reit im Winkl (Talort) und von der Winklmoosalm (Gipfel) aufgelistet.
Bestimme jeweils den Temperaturunterschied.

	6 Uhr	9 Uhr	12 Uhr	15 Uhr	18 Uhr
Reit im Winkl	–2,5 °C	–1,2 °C	0,8 °C	3,2 °C	0,2 °C
Winklmoosalm	–7,5 °C	–6,3 °C	–1,7 °C	0,4 °C	–2,5 °C
Temperaturunterschied					

142 Kannst du erkennen, wie die Zahlenfolgen aufgebaut sind? Bestimme jeweils die nächsten 5 Zahlen.

a) –18; –15; –12; …

b) –0,2; –0,35; –0,5; …

143 Ergänze die fehlenden Zahlen mit den richtigen Vor- bzw. Rechenzeichen.

a) $1{,}5-2=$ ☐

b) $-2+3{,}5=$ ☐

c) $-1{,}5-2{,}1=$ ☐

d) $3{,}1-4{,}2=$ ☐

e) -4 ☐ $=-2$

f) 3 ☐ $=-2$

g) ☐ $-2{,}5=6$

h) ☐ $+0{,}9=-2{,}1$

144 Ein U-Boot liegt 423 m unter dem Meeresspiegel. Um Gewässerproben zu entnehmen, muss es zunächst 245 m abtauchen und anschließend wieder 132 m steigen. Auf welcher Höhe befindet sich das U-Boot jetzt?

145 Kevin, Lorian und Daniel treffen sich einmal pro Woche zum Skatspielen. Nach 4 Spieleabenden haben sie folgende Gewinne und Verluste notiert:

	1. Spieltag	2. Spieltag	3. Spieltag	4. Spieltag
Kevin	–1,50 €	+5,50 €	–3,50 €	+5,10 €
Lorian	–2,30 €	–4,60 €	+7,40 €	–1,30 €
Daniel	+3,80 €	–0,90 €	–3,90 €	–3,80 €

a) Berechne jeweils den Gewinn bzw. Verlust der Spieler nach den 4 Abenden.

b) Welcher Spieler hat insgesamt am meisten verloren?

4 Rationale Zahlen multiplizieren und dividieren

Wenn beim Kegeln noch alle 9 Kegel stehen und man mit seinem Wurf keinen einzigen davon trifft, hat man eine „Pumpe" geworfen. Mika und seine Freunde haben ausgemacht, dass derjenige, der am Ende des Abends am meisten Pumpen geworfen hat, **pro Pumpe 0,20 €** bezahlen muss. Mika hat am Ende mit **4 Pumpen** am schlechtesten gezielt. Wie viele Schulden hat Mika an diesem Abend gemacht?

Die **Multiplikation** einer rationalen Zahl mit einer natürlichen Zahl kann man als **wiederholte Addition** bzw. **wiederholte Subtraktion** auf der Zahlengeraden darstellen.

- Multipliziert man **2 positive Zahlen** miteinander, ist das Ergebnis immer **positiv**.
- Multipliziert man eine **negative Zahl** mit einer **positiven Zahl**, ist das Ergebnis immer **negativ**.

Beispiel

Wie viele Schulden hat Mika an diesem Abend gemacht?

Lösung:

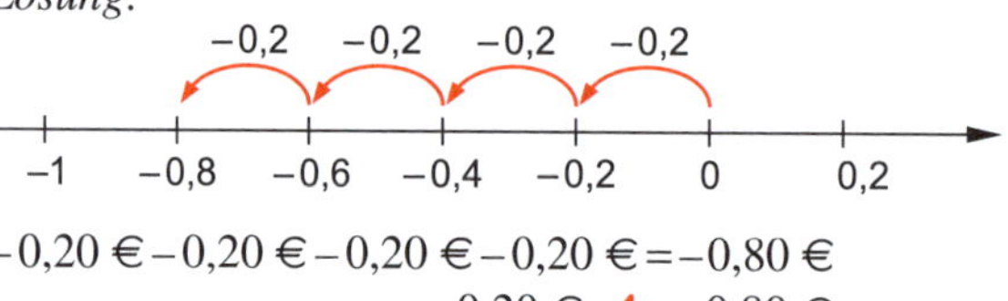

Mika hat **4-mal** 0,20 € **Schulden** gemacht. Du musst also 4-mal um 0,2 Schritte **nach links** gehen.

$-0{,}20\ € - 0{,}20\ € - 0{,}20\ € - 0{,}20\ € = -0{,}80\ €$

$-0{,}20\ € \cdot 4 = -0{,}80\ €$

Mika hat 0,80 € Schulden gemacht.

146 Stelle die Rechnungen an der Zahlengeraden dar. Schreibe die Aufgaben dann als Multiplikation und berechne das Produkt.

a) $0{,}2 + 0{,}2 + 0{,}2 + 0{,}2$

b) $-1{,}5 - 1{,}5 - 1{,}5 - 1{,}5 - 1{,}5$

c) $-0{,}4 - 0{,}4 - 0{,}4 - 0{,}4$

d) $-\frac{1}{3} - \frac{1}{3} - \frac{1}{3} - \frac{1}{3}$

147 Schreibe ausführlich und berechne das Ergebnis. Überlege zuerst, ob es positiv oder negativ sein muss.

a) $-0{,}3 \cdot 3$

b) $-1{,}2 \cdot 4$

c) $\frac{1}{8} \cdot 5$

d) $-\frac{1}{4} \cdot 3$

148 Ergänze die Multiplikationstabelle. Jede Zahl in der ersten Zeile wird mit jeder Zahl in der ersten Spalte multipliziert.

·	−0,2	−2,4	0,6	$\frac{1}{2}$
3				
6				
12				

149 Ergänze die fehlenden Zahlen und Vorzeichen.

a) $0{,}1 \cdot \square = 0{,}5$

b) $\square \cdot 3 = -0{,}6$

c) $\square \cdot 3 = -\frac{3}{5}$

d) $-\frac{2}{3} \cdot \square = -\frac{8}{3}$

150 Erfinde jeweils 2 Multiplikationsaufgaben zu den folgenden Ergebnissen.

a) −4,5

b) −0,8

c) $-\frac{6}{8}$

151 Zur Begleichung eines Darlehens führt Frau Klock ein extra Konto. Zu Beginn des Jahres sind 3 221 € Guthaben auf dem Konto. Wie viel Geld ist am Ende des Jahres auf dem Konto, wenn die monatliche Rate für das Darlehen 268 € beträgt?

152 Stimmen die folgenden Rechnungen? Kreuze richtige Ergebnisse an und verbessere die falschen.

☐ $-0{,}3 \cdot 2 = 0{,}6$

☐ $-0{,}2 \cdot 2{,}4 = -0{,}48$

☐ $5 \cdot (-0{,}9) = -4{,}5$

Möchte man herausfinden, wie viel man für eine Pumpe aufschreiben muss, wenn 4 Pumpen −0,80 € ausmachen, kann man eine **Umkehraufgabe** bilden.

Die Umkehrung der Multiplikation ist die **Division** (und umgekehrt).

- Dividiert man **2 positive Zahlen**, ist das Ergebnis immer **positiv**.
- Dividiert man eine **negative Zahl** durch eine **positive Zahl**, ist das Ergebnis immer **negativ**.

Beispiel

Wie viel muss man für eine Pumpe aufschreiben, wenn 4 Pumpen –0,80 € ausmachen?

Lösung:

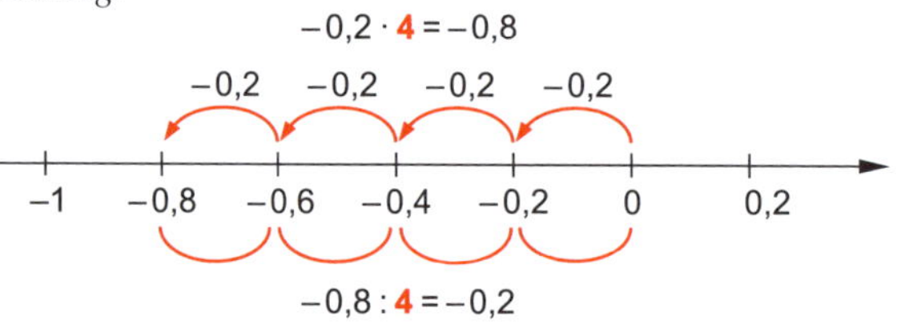

–0,8 muss in **4 gleiche Teile** unterteilt werden.
Man rechnet mithilfe einer Umkehraufgabe:

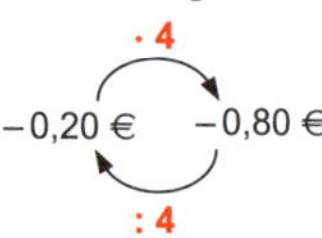

Für eine Pumpe muss man –0,20 € aufschreiben.

153 Verbinde jede Multiplikation mit der passenden Umkehraufgabe.

$0{,}5 \cdot 4 = 2$ | $-0{,}5 \cdot 4 = -2$ | $-\frac{1}{4} \cdot 2 = -\frac{1}{2}$ | $0{,}3 \cdot 4 = 1{,}2$ | $-0{,}3 \cdot 4 = -1{,}2$

$-\frac{1}{2} : 2 = -\frac{1}{4}$ | $2 : 4 = 0{,}5$ | $-1{,}2 : 4 = -0{,}3$ | $-2 : 4 = -0{,}5$ | $1{,}2 : 4 = 0{,}3$

154 Die Grafiken zeigen jeweils eine Aufgabe und die dazugehörige Umkehraufgabe. Ergänze die fehlenden Zahlen.

a)
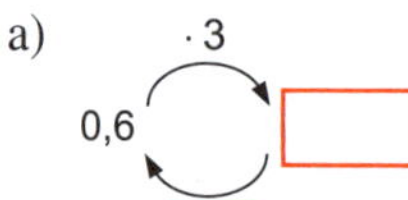

b)

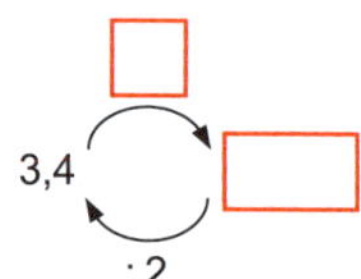

c)
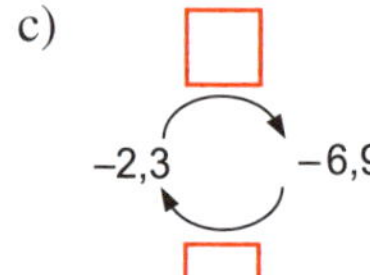

d)
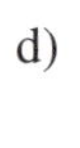
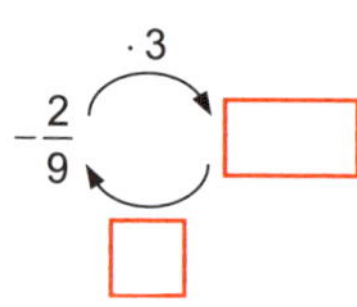

155 Berechne. Überprüfe das Ergebnis mit einer Umkehraufgabe.

a) $-0{,}6 : 2$

b) $1{,}2 : 4$

c) $-3{,}6 : 6$

d) $-5{,}6 : 7$

e) $-\frac{4}{5} : 2$

f) $-\frac{3}{8} : 2$

156 Dividiere die Zahlen in der ersten Zeile durch die Zahlen in der ersten Spalte.

:	−1,2	24	$-\frac{1}{2}$
2			
3			
4			

157 Herr Dost, Frau Schwegler und Herr Kaste müssen beim Verlassen des Parkhauses Schulden in Höhe von 10,50 € begleichen. Die Parkgebühr soll gerecht auf alle 3 Personen verteilt werden. Wie viel muss jeder bezahlen?

158 Maxi leiht sich von seinem Vater 102 €. Wie hoch ist die monatliche Rate, wenn er nach einem Jahr bei seinem Vater schuldenfrei sein möchte?

Vermischte Aufgaben

159 a) Verbinde jedes Rechenrätsel mit der passenden Aufgabenstellung.

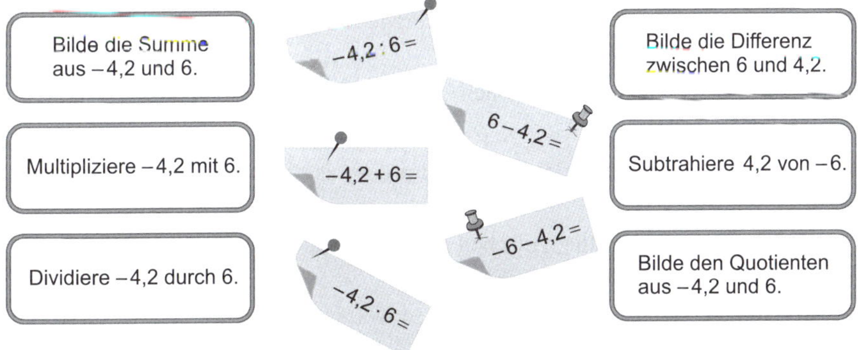

b) Berechne die gesuchten Zahlen.

160 Bestimme die gesuchten Zahlen. Umkehraufgaben können dir dabei helfen.

a) Subtrahiert man 2,3 von der gesuchten Zahl, erhält man –3,8.

b) Multipliziert man die gesuchte Zahl mit 12, erhält man –7,2.

c) Addiert man $\frac{1}{4}$ zu der gesuchten Zahl, erhält man $-\frac{3}{4}$.

d) Dividiert man die gesuchte Zahl durch 4, erhält man –0,5.

161 Schreibe zu der Aufgabenstellung ein eigenes Rechenrätsel.

a) $\square + 0{,}8 = -3{,}4$

b) $3 \cdot \square = -\frac{9}{10}$

c) $-2{,}8 : \square = -0{,}2$

d) $-4{,}7 - \square = -7{,}3$

162 a) Ordne den Sachsituationen die passende Rechnung zu.

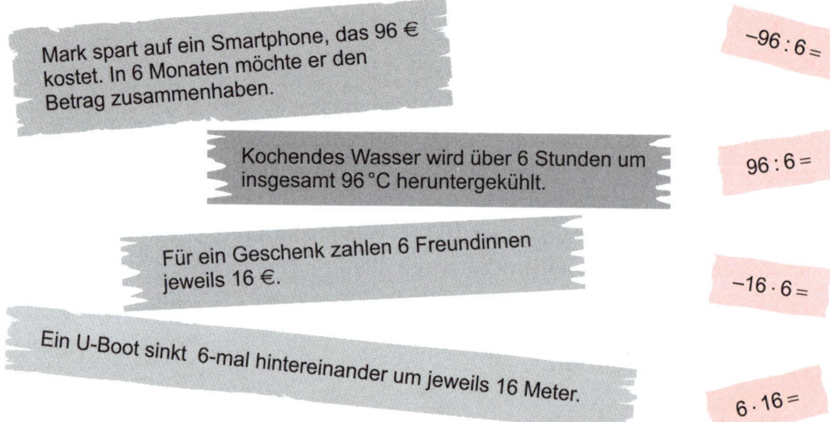

b) Formuliere zu jeder Aufgabe eine Frage, berechne das Ergebnis und notiere einen Antwortsatz.

c) Erfinde eigene Sachsituationen zu den Aufgaben $-36 : 6$ und $-3{,}5 \cdot 4$.

163 Ein Radfahrer startet in Sölden und fährt über das Timmelsjoch nach St. Leonhard.

a) Überlege dir 2 mathematische Fragen, die man mithilfe der Grafik beantworten kann.

b) Notiere deinen Rechenweg und beantworte die Fragen.

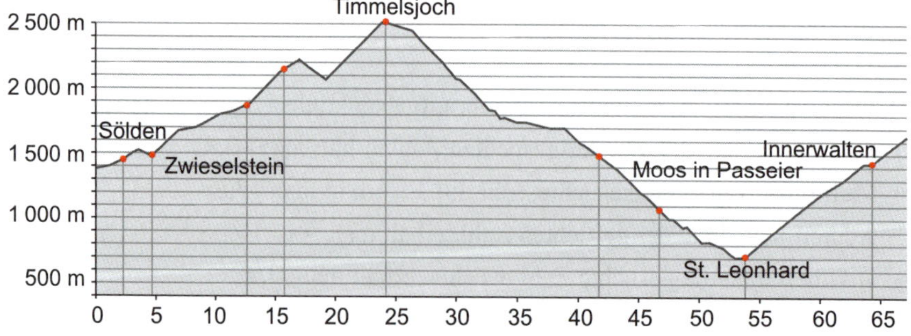

Grundbegriffe der Geometrie

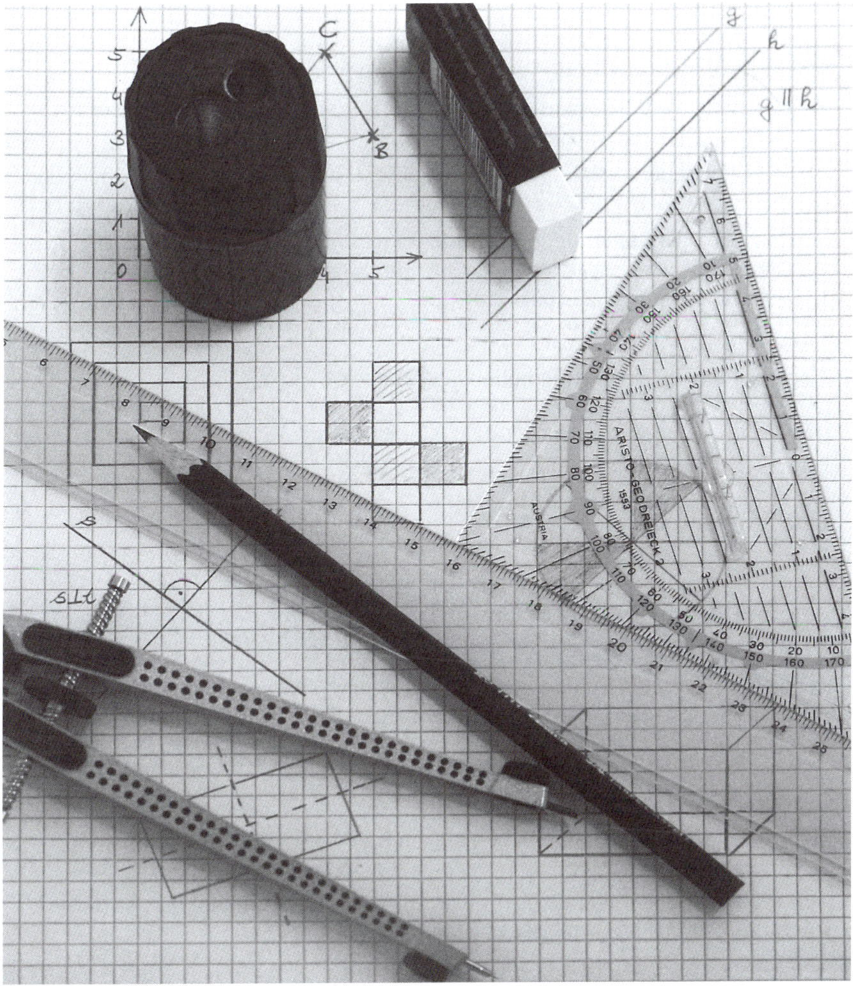

In der Geometrie ist es sehr wichtig, dass du ganz genau arbeitest. Damit du exakt **zeichnen** und **messen** kannst, benötigst du folgende **Zeichengeräte**: gespitzten Bleistift, Geodreieck, Lineal und Zirkel.

1 Vierecke

Ein Viereck ist eine **ebene Figur**, die von 4 Punkten gebildet wird. Dabei liegen immer genau 2 Punkte auf einer Geraden.

Gehe bei der **Beschriftung** von Vierecken folgendermaßen vor:

- Beschrifte die **Eckpunkte gegen den Uhrzeigersinn** mit großen Buchstaben (A, B, C, D).
- Der **Winkel** bei A wird mit α, der Winkel bei B mit β, der Winkel bei C mit γ und der Winkel bei D mit δ bezeichnet.
- Beschrifte die **Seiten gegen den Uhrzeigersinn** mit kleinen Buchstaben. Dabei beginnt die Seite a bei Punkt A, die Seite b bei Punkt B, die Seite c bei Punkt C und die Seite d bei Punkt D.

Beispiel

Zeichne und beschrifte ein beliebiges Viereck.

Lösung:

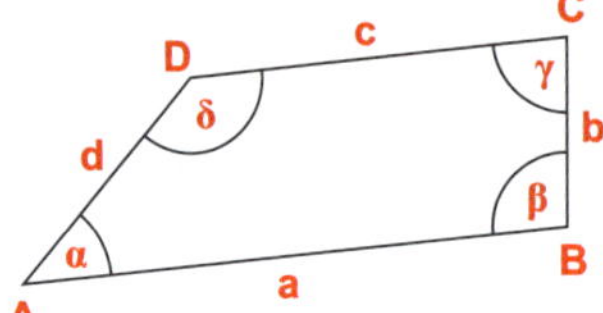

Achte darauf, dass du das Viereck **gegen den Uhrzeigersinn** beschriftest.

164 Zeichne die folgenden Punkte in ein Koordinatensystem ein und verbinde sie so, dass ein Viereck entsteht.

a) A(1|1); B(5|2); C(4|4); D(0|3)

b) A(6|0,5); B(9|9); C(7|9); D(5|6)

Beschrifte nun die beiden Vierecke vollständig.

165 Zeichne 3 beliebige Vierecke in ein Koordinatensystem ein und beschrifte sie vollständig. Gib die Koordinaten der Eckpunkte an.

166 Wo kannst du in den Bildern viereckige Flächen finden? Zeichne sie farbig nach. Kannst du noch andere Flächen finden?

Im Laufe der nächsten Schuljahre werden dir viele verschiedene Flächen begegnen. Die folgenden Vierecke und ihre **Eigenschaften** solltest du dir gut merken.

- **Quadrat**
  Alle Seiten sind gleich lang und je 2 Seiten sind parallel.
  Alle 4 Winkel haben 90°.

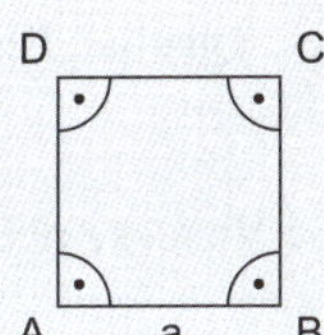

- **Rechteck**
  Gegenüberliegende Seiten sind gleich lang und parallel.
  Alle 4 Winkel haben 90°.

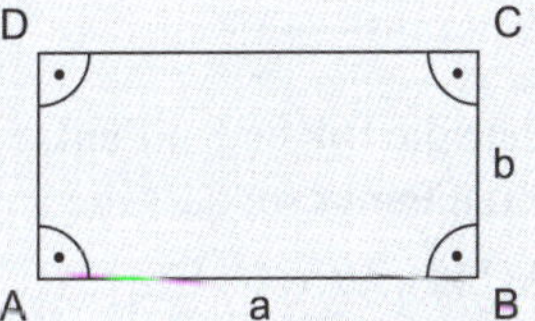

- **Raute**
  Alle Seiten sind gleich lang und je 2 Seiten sind parallel.
  Gegenüberliegende Winkel sind gleich groß.

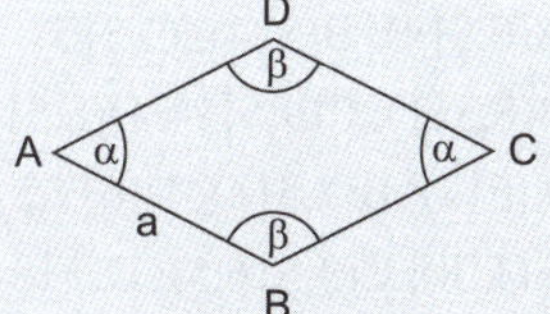

- **Parallelogramm**
  Gegenüberliegende Seiten sind gleich lang und parallel.
  Gegenüberliegende Winkel sind gleich groß.

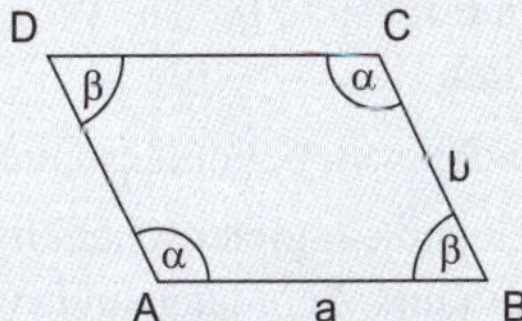

- **Drachenviereck**
  Je 2 benachbarte Seiten sind gleich lang.
  Ein gegenüberliegendes Winkelpaar ist gleich groß.

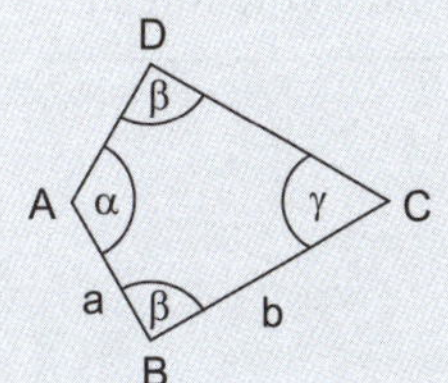

- **Trapez**
  2 Seiten sind parallel.
  Bei einem **gleichschenkligen Trapez** sind die beiden anderen Seiten gleich lang und je 2 benachbarte Winkel sind gleich groß.

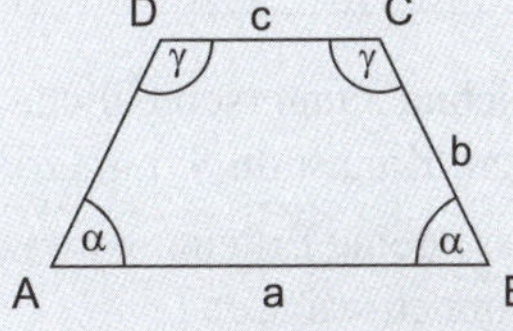

Beispiel Auf welche Vierecke trifft der folgende Satz zu?
„Mindestens 2 gegenüberliegende Seiten sind gleich lang und parallel.“

Lösung:
Rechteck, Quadrat, Parallelogramm, Raute

167 Benenne die Vierecke richtig.

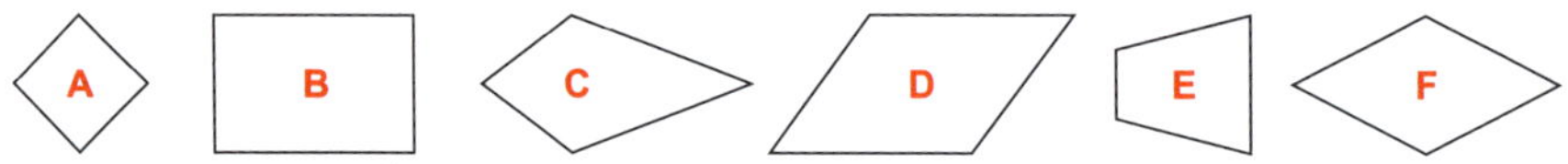

168 Zeichne die folgenden Punkte in ein Koordinatensystem ein und ergänze einen weiteren Punkt so, dass die angegebenen Vierecke entstehen.

a) A(1 | 1); B(3 | 1); C(3 | 3) Quadrat
b) A(3,5 | 2); C(6,5 | 2); D(5 | 3) Raute
c) A(0,5 | 4); B(3 | 4); C(5 | 5) Parallelogramm
d) B(8,5 | 1); C(9,5 | 2); D(8,5 | 5,5) Drachenviereck
e) A(6 | 4); B(7,5 | 4); D(6 | 7,5) Rechteck
f) A(1 | 8); C(3,5 | 6,5); D(5 | 8) gleichschenkliges Trapez

169 Jasmin fragt sich, ob alle Vierecke Symmetrieachsen haben. Vielleicht kannst du ihr helfen.

a) Zeichne ein beliebiges Quadrat und finde alle Symmetrieachsen.
b) Zeichne ein gleichschenkliges Trapez, bei dem die beiden parallelen Seiten 4 cm und 2 cm lang sind. Wie viele Symmetrieachsen kannst du einzeichnen?
c) Zeichne in die folgenden Vierecke alle Symmetrieachsen ein.

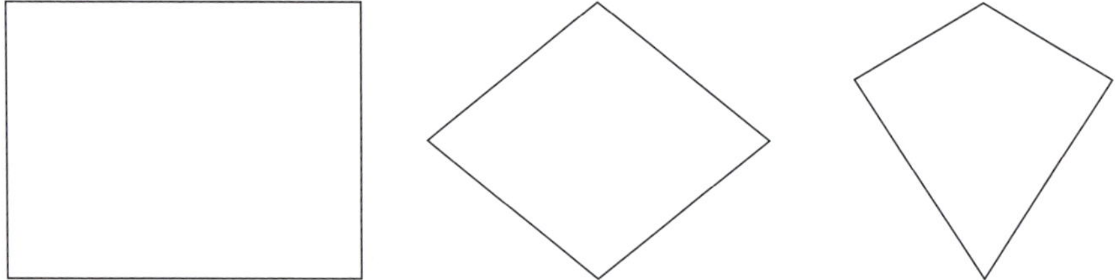

d) Zeichne 3 unterschiedliche Parallelogramme mit den Seitenlängen 3 cm und 5 cm. Kannst du Symmetrieachsen finden?
e) Fasse deine Erkenntnisse zusammen: Welche Vierecke haben wie viele Symmetrieachsen?

170 Welche Vierecke werden hier jeweils gesucht? Es kann auch mehrere Lösungen geben.

a) Das gesuchte Viereck hat genau eine Symmetrieachse.

b) Alle Seiten sind gleich lang.

c) Mindestens 2 Winkel sind gleich groß.

Erfinde selbst Rätsel und löse sie.

171 Haben die Schülerinnen und Schüler recht? Begründe.

172 Untersuche die Diagonalen der Vierecke.

Die Diagonalen …	sind gleich lang.	stehen senkrecht aufeinander.	halbieren sich.
Quadrat	☐	☐	☐
Rechteck	☐	☐	☐
Raute	☐	☐	☐
Parallelogramm	☐	☐	☐
Drachenviereck	☐	☐	☐
gleichschenkliges Trapez	☐	☐	☐

173 Übertrage das Dreieck in dein Heft und ergänze es zu …

a) einem Quadrat.

b) einem Rechteck, das kein Quadrat ist.

c) einem Parallelogramm, das kein Quadrat und kein Rechteck ist.

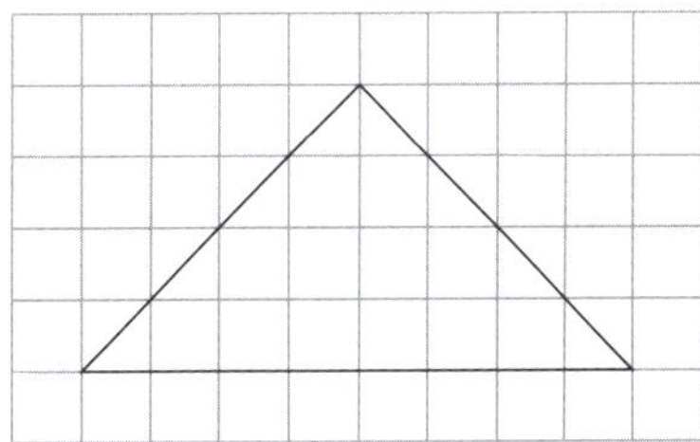

2 Kreise

Eine Zielscheibe besteht aus verschiedenen Kreisen, die alle einen gemeinsamen **Mittelpunkt** haben. Die Kreise unterscheiden sich in ihrem **Durchmesser** bzw. **Radius** voneinander.

- Die **Kreislinie k** hat in jedem Punkt den gleichen Abstand zum **Mittelpunkt M**. Diesen Abstand nennt man **Radius r**.
- Der **Durchmesser d** verläuft durch den Mittelpunkt und verbindet 2 Punkte auf der Kreislinie. Er ist **doppelt so lang** wie der Radius r.

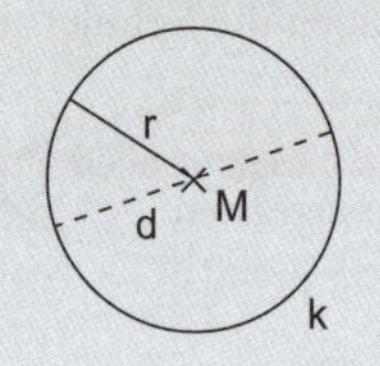

Beispiele

1. Zeichne mit deinem Zirkel einen Kreis mit dem Radius $r = 1{,}5$ cm und beschrifte ihn vollständig.

Lösung:

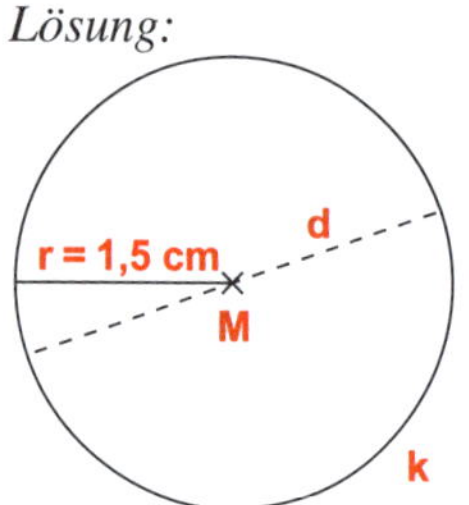

Lege zuerst den **Kreismittelpunkt M** fest. Stelle mithilfe des Geodreiecks die Länge des Radius r an deinem **Zirkel** ein. Stich mit dem Zirkel im Kreismittelpunkt ein und zeichne die **Kreislinie k**.

2. Gib den Radius und den Durchmesser des Kreises an.

Lösung:
$r = 1$ cm
$d = 2 \cdot 1$ cm
$d = 2$ cm

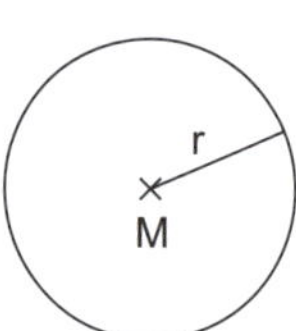

Du kannst die beiden Längen entweder **ausmessen** oder nur eine Länge messen und die andere Länge **berechnen**.

174 Zeichne die folgenden Kreise und beschrifte sie vollständig.

a) $r = 3$ cm
b) $r = 3{,}5$ cm
c) $d = 8$ cm
d) $d = 5$ cm

175 Miss den Durchmesser von einem 1-€-Stück und von einer 5-Cent-Münze. Berechne daraus jeweils den Radius.

176 Übertrage die folgenden Kreise in dein Heft. Gib jeweils den Durchmesser und den Radius an.

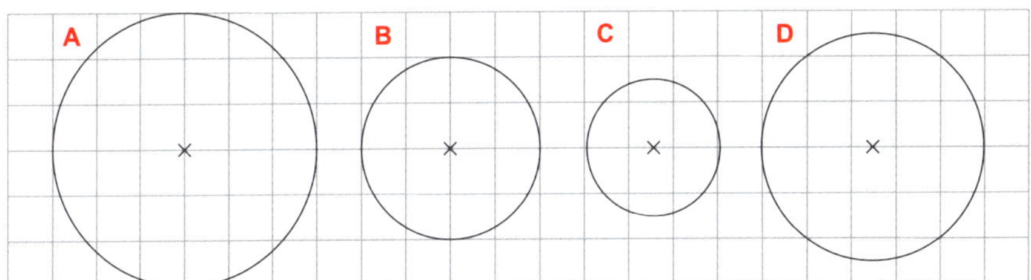

177 Berechne jeweils den fehlenden Wert.

Radius	6,5 cm		2,5 dm	
Durchmesser		4 m		5 mm

178 Zeichne eine Zielscheibe mit 4 Gewinnzonen. Achte darauf, dass der Abstand zwischen den einzelnen Gewinnzonen jeweils gleich groß ist.

179 Die Tankfüllung eines Hubschraubers reicht noch für 100 km.

a) Der Hubschrauber startet in Würzburg.
Zeichne den Bereich ein, den er mit der Tankfüllung noch erreichen kann.

b) Welche Städte sind gerade noch zu erreichen?

c) Für welche Stadt reicht der Tank gerade nicht mehr aus?

Maßstab:

100 km

180 Zeichne die Muster ab und male sie bunt aus. Erfinde auch eigene Muster.

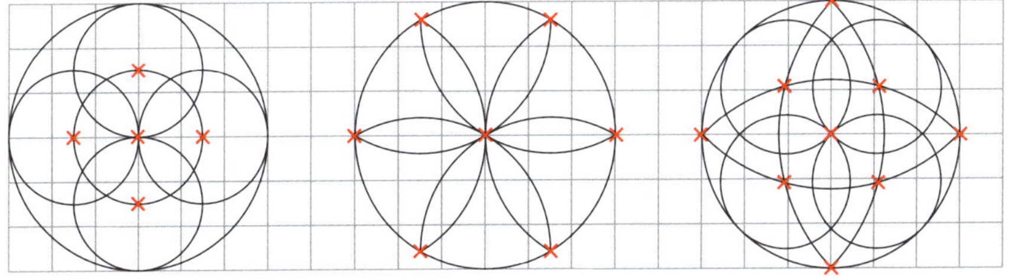

3 Körper

Geometrische Körper sind räumliche (dreidimensionale) Formen, die du mithilfe von **Schrägbildern** darstellen kannst. Die Schrägbilder der wichtigsten Körper sind hier abgebildet:

Würfel **Quader**

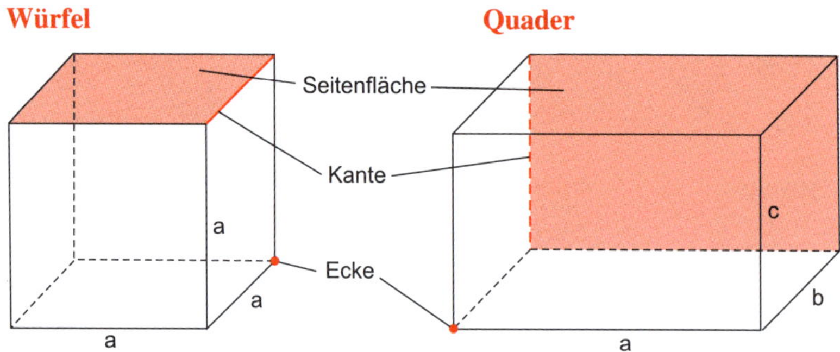

- Ein **Würfel** hat **6** gleich große **quadratische Seitenflächen**, **12 Kanten** und **8 Ecken**.
- Ein **Quader** hat **6 rechteckige Seitenflächen**, **12 Kanten** und **8 Ecken**. Gegenüberliegende Seitenflächen sind jeweils gleich groß.

Folgende Körper kommen ebenfalls häufig in unserer Umwelt vor:

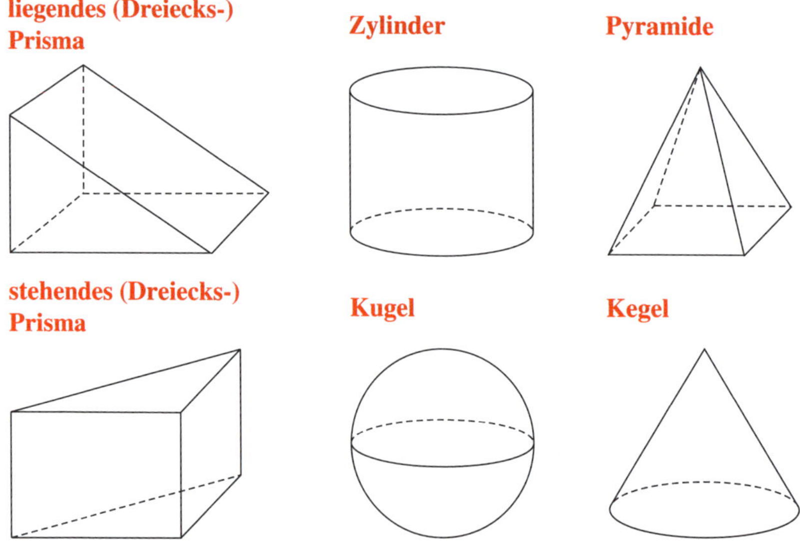

181 Welche geometrischen Körper verstecken sich in den jeweiligen Alltagsgegenständen?

182 Wie viele Ecken, Kanten und Flächen hat …

a) ein Quader?

b) ein Dreiecksprisma?

183 Welcher Körper beschreibt sich hier jeweils selbst?

a) Ich habe keine Kanten und keine Ecken, nur eine Fläche.

b) Egal, welche der 6 Flächen man betrachtet, ich sehe immer gleich aus.

c) Ich habe eine Spitze, aber keine Ecken.

d) Ich kann gut rollen, obwohl ich 2 Kanten habe.

184 Kreuze wahre Aussagen an.

- ☐ Ein Quader besitzt 6 gleich große Flächen.
- ☐ Ein Würfel besitzt 12 Ecken.
- ☐ Ein Quader besitzt 12 Kanten.
- ☐ Eine Pyramide hat immer einen Kreis als Grundfläche.
- ☐ Ein Kegel hat eine Spitze.
- ☐ Ein Zylinder hat eine quadratische Grundfläche.
- ☐ Ein Zylinder hat 4 Kanten.
- ☐ Eine Kugel hat keine Kanten.
- ☐ Alle Flächen eines Dreiecksprismas sind Dreiecke.

185 Dreht man Flächen schnell um eine Achse, hat man das Gefühl, einen Körper zu sehen. Welchen Körper sieht man bei folgenden Flächen jeweils?

a) b)

Mithilfe eines **Schrägbilds** können Körper auf einem Blatt Papier „dreidimensional" dargestellt werden. Gehe beim Zeichnen des Schrägbilds eines Würfels oder Quaders folgendermaßen vor:

1. Zeichne die Fläche, die du von vorne siehst, in **wahrer Größe**.
2. Zeichne von jedem Eckpunkt aus die Kanten, die nach hinten verlaufen, im **Winkel von 45°** und **halb so lang** wie angegeben.
3. **Verbinde** die Endpunkte der nach hinten verlaufenden Kanten.

Beachte: Linien, die man von vorne nicht sieht, werden **gestrichelt** gezeichnet.

Beispiel

Zeichne einen Quader mit den Seitenlängen a = 3 cm, b = 2 cm und c = 2 cm.

Lösung:

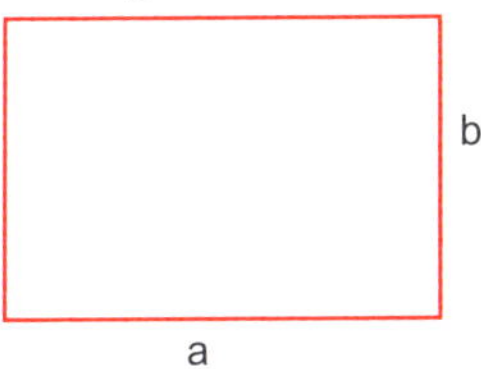

Zeichne die Vorderseite in **wahrer Größe** (a = 3 cm und b = 2 cm).

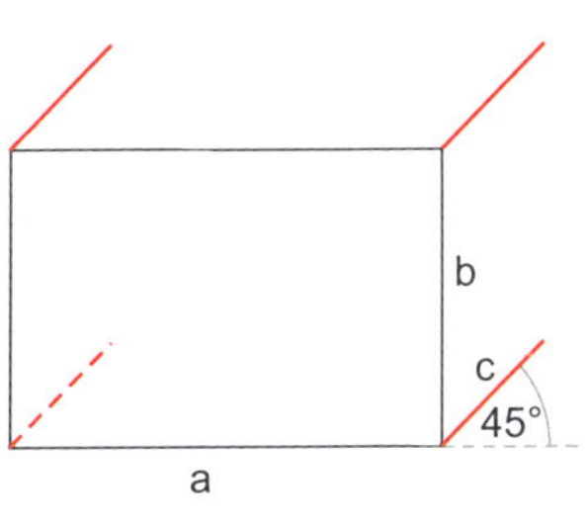

Zeichne die Kanten, die nach hinten verlaufen, im Winkel von **45°** und **halb so lang** wie im Original (aus c = 2 cm wird 1 cm).

Denke daran, nicht sichtbare Kanten zu **stricheln**.

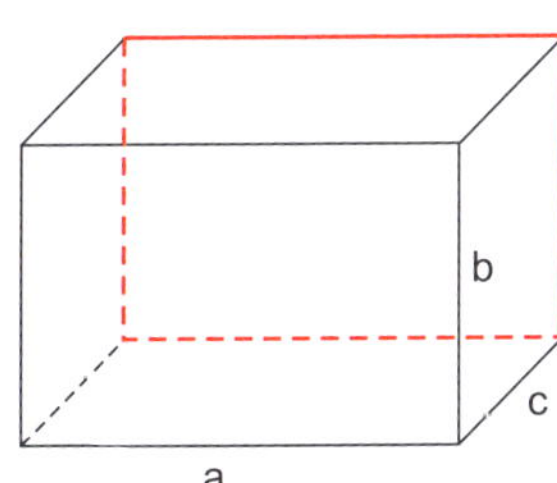

Verbinde die neu entstandenen Eckpunkte.

186 Raupe Emma sitzt auf dem Kantenmodell eines Würfels an Ecke B.

a) Die Raupe geht von Ecke B entlang der Kanten erst nach links, dann nach oben, von dort nach hinten und zum Schluss nach rechts.
An welcher Ecke ist sie jetzt?

b) Gib 2 mögliche Wege an, die Emma nehmen kann, um von Ecke B zur Ecke H zu kommen.

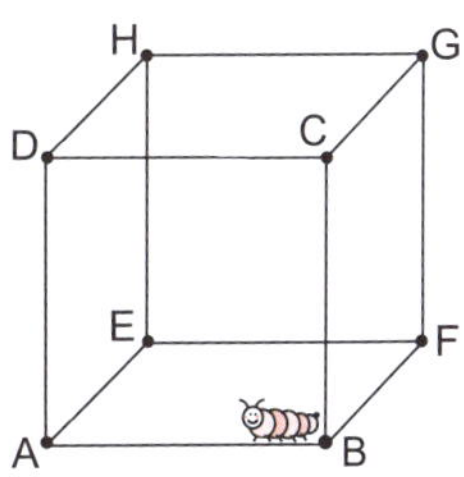

187 Übertrage die Punkte in ein Koordinatensystem und vervollständige die Figur jeweils zum Schrägbild eines Quaders.

a) A(–5|–4); B(–3|–4); C(–3|–2,5); D(–5|–2,5); E(–4|–3); F(–2|–3); G(?|?); H(?|?)

b) A(1|–3,5); B(2|–3,5); C(2|3); D(1|3); E(?|?); F(?|?); G(2,5|3,5); H(?|?)

188 Vervollständige die Schrägbilder der Körper.

a)

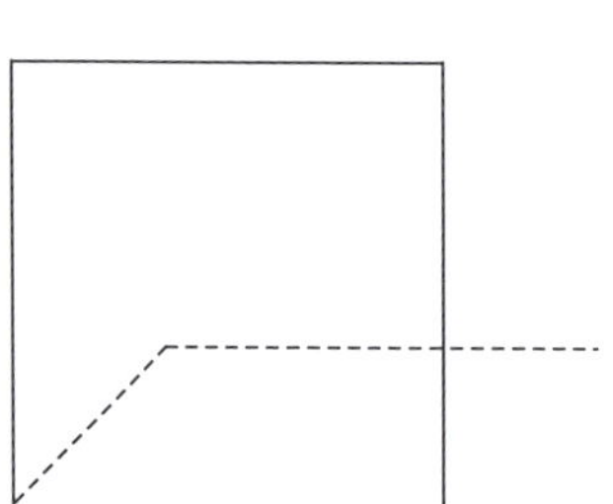

b)

189 Emil hat Fehler beim Zeichnen seiner Schrägbilder gemacht. Kannst du die Fehler erklären und die Schrägbilder korrekt zeichnen?

a) Würfel mit Kantenlänge 1,5 cm

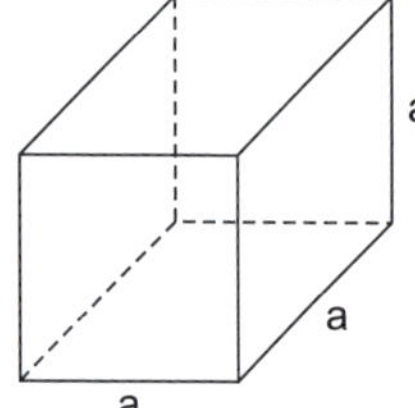

b) Quader

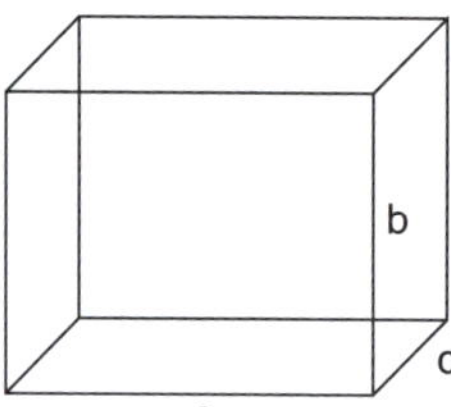

Eine andere Möglichkeit, Würfel und Quader darzustellen, ist, das **Netz des Körpers** zu zeichnen.

- Schneidet man einen Körper entlang seiner Kanten auf und breitet seine Oberfläche aus, erhält man das **Netz des Körpers** (Abwicklung).
- Umgekehrt lässt sich durch Falten des Netzes ein Körper herstellen.
- Es gibt meist **mehrere Möglichkeiten**, das Netz eines Körpers zu zeichnen.

Beispiele

1. Netz eines Würfels

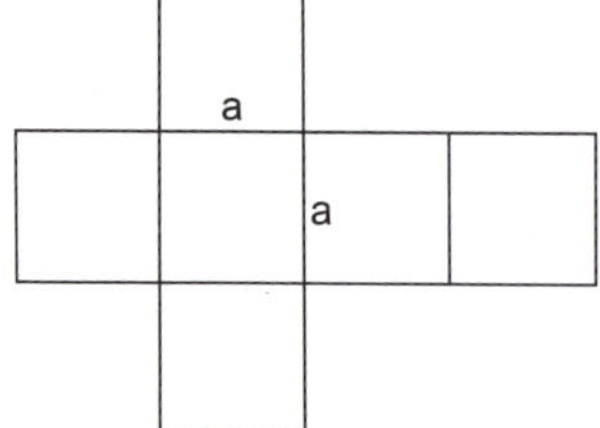

Bei einem Würfelnetz sind 6 gleich große Quadrate so angeordnet, dass beim Zusammenfalten des Netzes ein Würfel entsteht.

Es gibt **viele Möglichkeiten**, die Quadrate anzuordnen.

2. Netz eines Quaders

Bei einem Quader liegen sich gleich große Seitenflächen gegenüber.
An jeder Quaderecke treffen 3 unterschiedliche Seitenflächen zusammen.
Es gibt viele Möglichkeiten, die Seitenflächen im Netz anzuordnen.

190 Welche Körpernetze ergeben einen Quader, welche einen Würfel?
Vorsicht: Manche Netze ergeben andere Körper. Kannst du erkennen, welche?

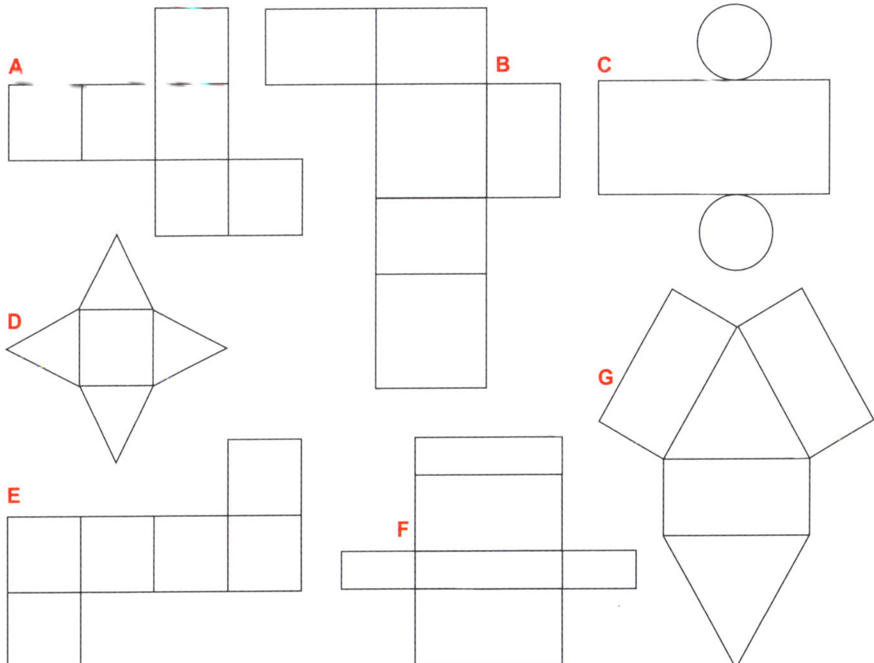

191 Übertrage die Figuren in dein Heft und ergänze sie zu einem Quader- bzw. Würfelnetz.

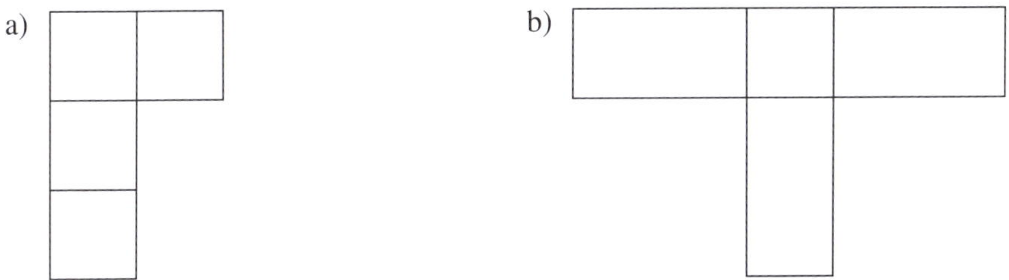

192 Bei einem Spielwürfel ergibt die Summe der Zahlen auf gegenüberliegenden Seitenflächen immer sieben.
Ergänze bei folgenden Würfelnetzen die fehlenden Zahlen.

a)

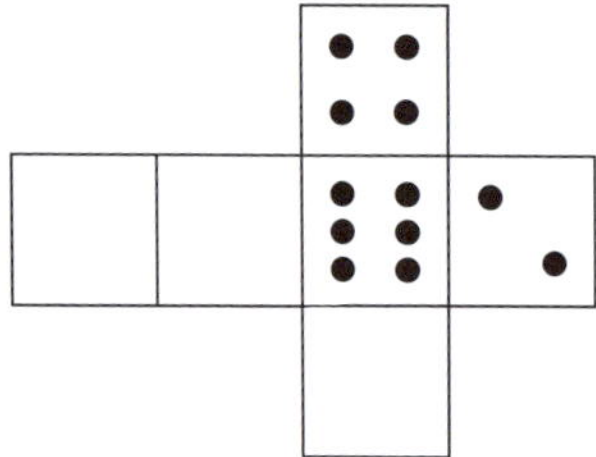

b)

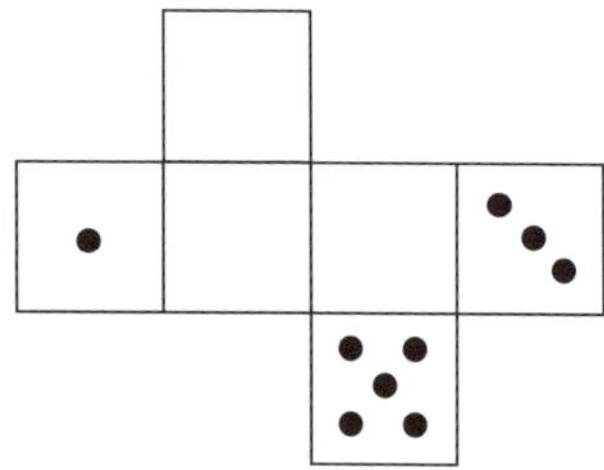

193 Entsteht aus dem jeweiligen Netz beim Zusammenfalten ein Quader?

a)

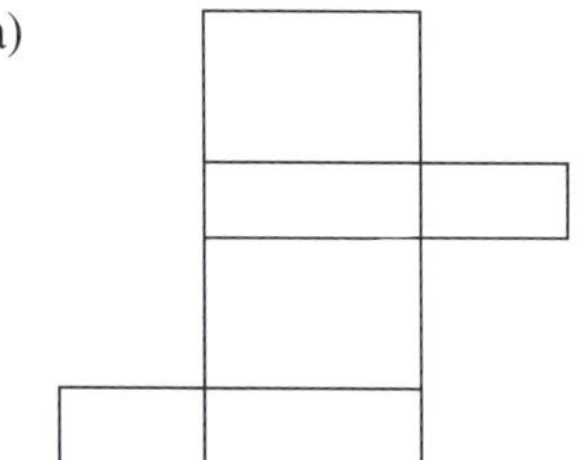

b)

c)

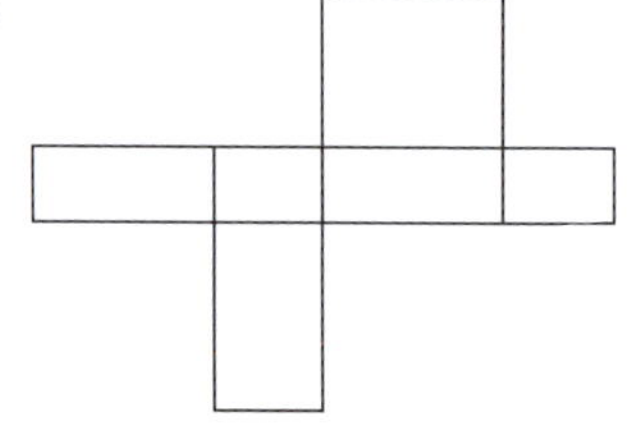

d)

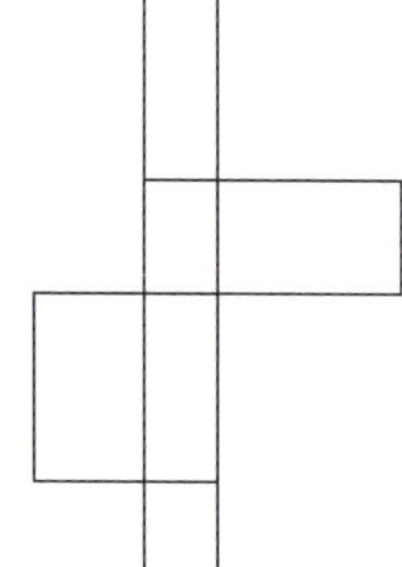

194 Zeichne aus dem Netz des Quaders ein Schrägbild und aus dem Schrägbild des Quaders ein Netz. Die grauen Flächen sind jeweils die Grundflächen.

a)

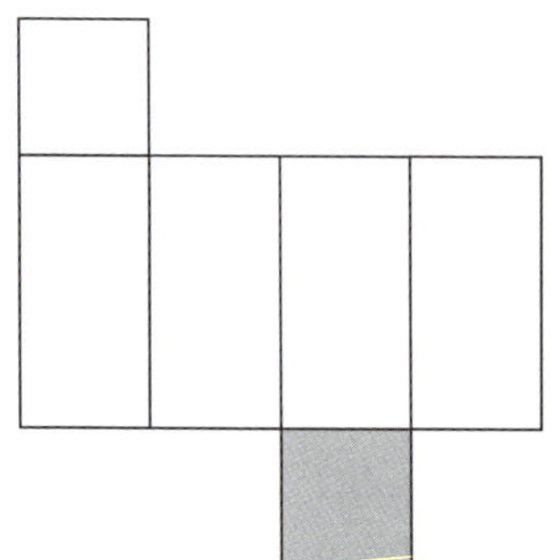

b)

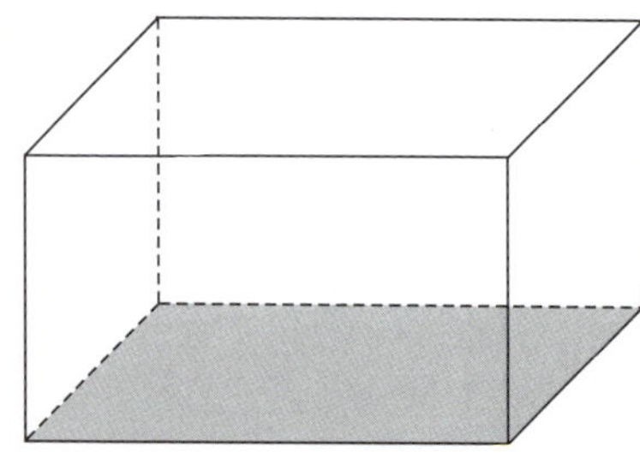

Würfel und Quader

Güterzüge befördern in Deutschland jährlich etwa 3,5 Millionen Container quer durch das Land. Die transportierten Container sind dabei 12 m lang, 2,6 m hoch und 2,4 m breit, die Züge dürfen maximal 835 m lang sein. Wie viele **Kubikmeter** Schokolade könnten wohl mit solch einem Zug an deine Schule geliefert werden?

1 Oberfläche von Würfel und Quader

Hier siehst du das Netz eines Quaders. Sicher kannst du erkennen, dass je 2 gegenüberliegende Flächen gleich groß sind. Um die **Oberfläche** des Quaders zu bestimmen, musst du also nur die Flächeninhalte der 3 verschiedenen Rechtecke bestimmen.

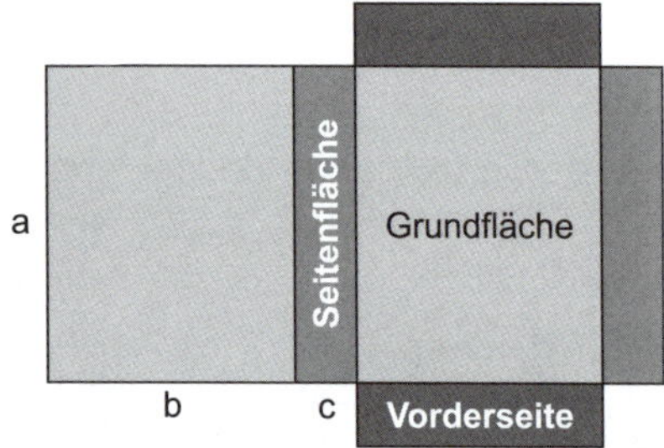

Unter der **Oberfläche** eines Körpers versteht man alle Flächen, die man berühren kann.

- Für den Oberflächeninhalt eines **Quaders** gilt:
  $O_{Quader} = 2 \cdot \text{Grundfläche} + 2 \cdot \text{Seitenfläche} + 2 \cdot \text{Vorderseite}$
  $\mathbf{O_{Quader} = 2 \cdot a \cdot b + 2 \cdot a \cdot c + 2 \cdot b \cdot c}$
- Die Oberfläche eines **Würfels** besteht aus 6 gleich großen Quadraten. Der Oberflächeninhalt berechnet sich also folgendermaßen:
  $\mathbf{O_{Würfel} = 6 \cdot a \cdot a}$

Beispiele

1. Wie groß ist der Oberflächeninhalt des oben abgebildeten Quaders?

Lösung:

$O_{Quader} = 2 \cdot a \cdot b + 2 \cdot a \cdot c + 2 \cdot b \cdot c$

$O_{Quader} = 2 \cdot 2{,}5\text{ cm} \cdot 2\text{ cm} + 2 \cdot 2{,}5\text{ cm} \cdot 0{,}5\text{ cm} + 2 \cdot 2\text{ cm} \cdot 0{,}5\text{ cm}$

$O_{Quader} = 10\text{ cm}^2 + 2{,}5\text{ cm}^2 + 2\text{ cm}^2$

$O_{Quader} = 14{,}5\text{ cm}^2$

Miss die Seiten des **Quadernetzes** und setze die Werte in die Formel ein.

2. Berechne die Oberfläche des Würfels.

Lösung:

$O_{Würfel} = 6 \cdot a \cdot a$

$O_{Würfel} = 6 \cdot 2\text{ cm} \cdot 2\text{ cm}$

$O_{Würfel} = 6 \cdot 4\text{ cm}^2$

$O_{Würfel} = 24\text{ cm}^2$

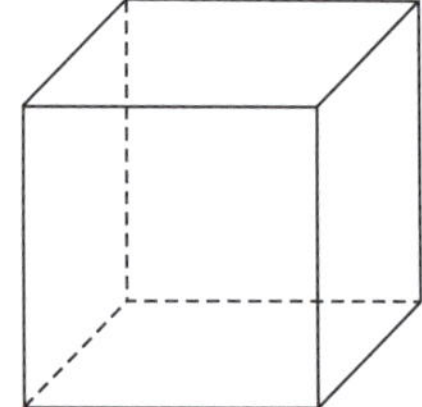

195 Gib die Flächenmaße in der angegebenen Einheit an.

a) $12\text{ dm}^2 =$ ____________ cm^2 b) $3\,000\text{ dm}^2 =$ ____________ m^2

c) $25\text{ m}^2 =$ ____________ cm^2 d) $500\text{ cm}^2 =$ ____________ dm^2

196 Auf der linken Seite sind die Maße verschiedener Quader angegeben. Die dazugehörigen Berechnungen der Oberfläche und die Ergebnisse sind durcheinandergeraten. Kannst du sie richtig zuordnen? Verbinde.

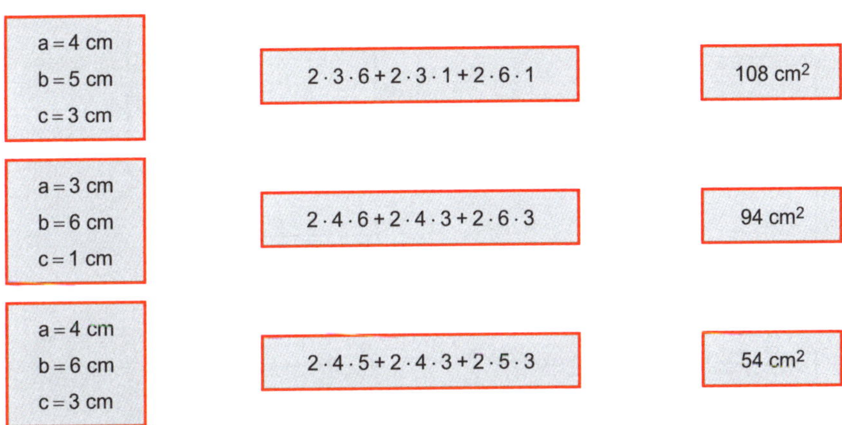

197 Berechne den Oberflächeninhalt der abgebildeten Körpernetze. Entnimm die benötigten Maße den Zeichnungen.

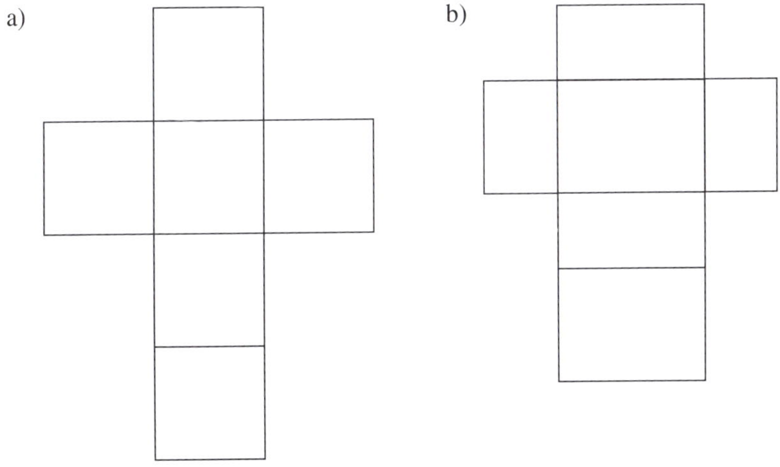

198 Berechne den Oberflächeninhalt der Quader und gib das Ergebnis jeweils in 2 unterschiedlichen Einheiten an.

a) a = 3 dm; b = 8 cm; c = 5 cm

b) a = 4 m; b = 6 dm; c = 1 m

c) a = 50 mm; b = 8 cm; c = 1,2 dm

199 Berechne den Oberflächeninhalt der folgenden Würfel. Entnimm die benötigten Maße den Abbildungen.

a) 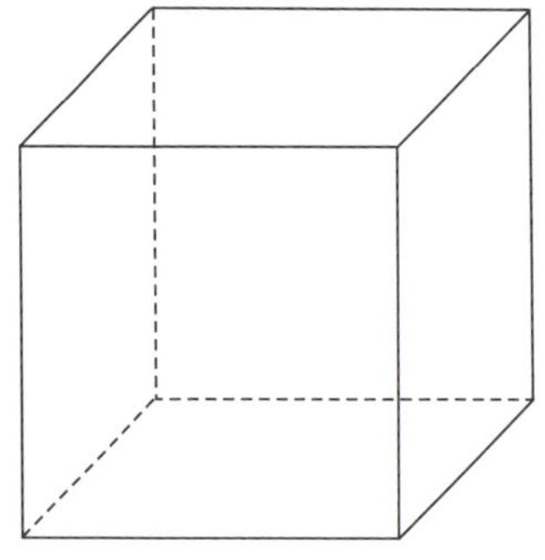

b) 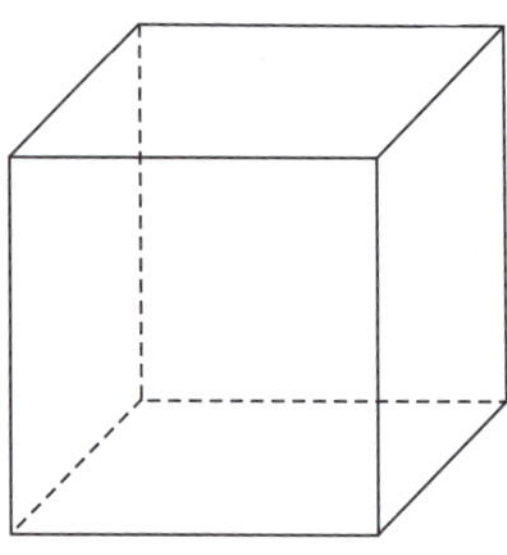

c) 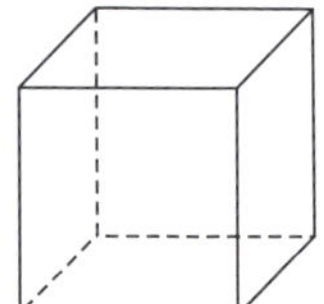

d) 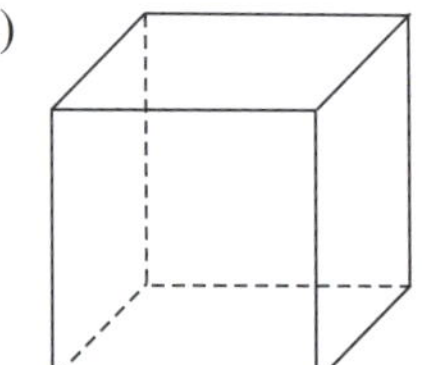

200 Lena möchte ihrer Freundin einen Adventskalender basteln. Dazu beklebt sie 24 Pappwürfel mit einer Kantenlänge von 4 cm mit buntem Tonpapier. Wie viele Tonpapierbögen mit den Seitenlängen $a = 20$ cm und $b = 30$ cm muss sie mindestens kaufen?

201 Zeichne das Netz eines Quaders mit den Maßen $a = 3$ cm, $b = 6$ cm und $c = 5$ cm und berechne den Oberflächeninhalt.

202 In einem Schwimmbad sollen ein neues Erlebnisbecken (25 m lang, 20 m breit und 1,4 m tief) sowie ein Planschbecken (10 m lang, 10 m breit und 3 dm tief) entstehen. Wie viel m^2 Fliesen werden für diese beiden Becken benötigt?

203 Ein Kellerraum ist 2,5 m hoch, 3 m lang und 2,5 m breit. Reicht ein Farbeimer, um alle 4 Wände und die Decke zu streichen?

204 Bestimme die Kantenlänge eines …

a) Würfels mit der Oberfläche $O = 24\ cm^2$.

b) Würfels mit der Oberfläche $O = 96\ cm^2$.

c) Quaders mit der Oberfläche $O = 126\ cm^2$. (Findest du mehrere Möglichkeiten?)

2 Raummaße

Bei einem Autoquartett werden verschiedene Merkmale von Autos verglichen. So wird der Hubraum in **Kubikzentimetern** (cm^3) oder der Benzinverbrauch in **Litern** (ℓ) betrachtet. Bei diesen beiden Angaben handelt es sich jeweils um Maße für Rauminhalte. Weitere Raummaße sind z. B. **Kubikdezimeter** (dm^3) und **Kubikmeter** (m^3).

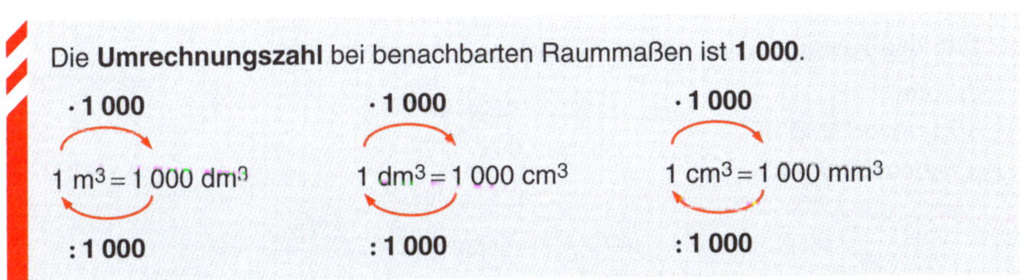

Beispiele

1. Wandle $3\,586\ cm^3$ in dm^3 um.

Lösung:
$3\,586\ cm^3 = 3{,}586\ dm^3$ $\quad : 1\,000$

2. Schreibe $2{,}5\ m^3$ in der nächstkleineren Einheit.

Lösung:
$2{,}5\ m^3 = 2\,500\ dm^3$ $\quad \cdot 1\,000$

205 Schreibe in der nächstkleineren Einheit.

a) $3\ m^3$ b) $0{,}4\ m^3$
c) $12\ dm^3$ d) $0{,}5\ cm^3$
e) $0{,}02\ cm^3$ f) $0{,}001\ dm^3$

206 Schreibe in der nächstgrößeren Einheit.

a) $2\,000\ cm^3$ b) $350\ dm^3$
c) $50\ cm^3$ d) $32\ mm^3$
e) $15\,500\ cm^3$ f) $123\,500\ mm^3$

207 Für Timmys neuen Piraten-Sandkasten werden $0{,}2\ m^3$ Sand benötigt. Timmys Vater kauft 12 Säcke mit jeweils $15\ dm^3$. Kann der Sandkasten damit vollständig gefüllt werden?

- Raummaße können auch in **Hektoliter**, **Liter** und **Milliliter** angegeben werden.

  $1\ h\ell = 100\ \ell$ (· 100 / : 100) $1\ \ell = 1\,000\ m\ell$ (· 1 000 / : 1 000)

- Weiterhin gilt:

  $1\ dm^3 = 1\ \ell$ **$1\ cm^3 = 1\ m\ell$**

Beispiel

Gib den Benzinverbrauch des Ferraris in $m\ell$ und dm^3 an.

Lösung:

$17{,}9\ \ell = 17\,900\ m\ell$ · 1 000

$17{,}9\ \ell = 17{,}9\ dm^3$

208 Prüfe die Rechnungen und korrigiere gegebenenfalls die Fehler.

a) $12\ \ell = 1{,}2\ dm^3$ b) $2\,500\ \ell = 0{,}25\ m^3$

c) $0{,}5\ dm^3 = \frac{1}{2}\ \ell$ d) $\frac{1}{4}\ \ell = 2{,}5\ cm^3$

e) $25\ m^3 = 25\,000\ \ell$ f) $100\ \ell = 1\ m^3$

209 Ordne die Gegenstände jeweils den richtigen Raummaßen zu und du erhältst ein Lösungswort.

- [ ] $70\ dm^3$
- [ ] $1\,000\ cm^3$
- [ ] $15\ m^3$
- [ ] $1{,}5\ h\ell$
- [ ] $2\,304\ \ell$
- [ ] $2\,000\ m\ell$
- [ ] $10{,}5\ m^3$

3 Volumen von Würfel und Quader

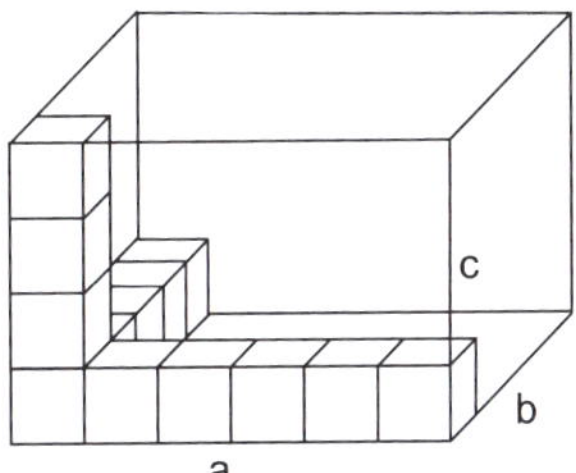

In einem Karton werden Spielwürfel wie in der nebenstehenden Abbildung verpackt. Wie viele der Würfel passen insgesamt in den Karton?

Unter dem Begriff **Volumen** versteht man den **Rauminhalt** eines Körpers. Das Volumen eines Quaders bzw. Würfels berechnet man, indem man **Länge · Breite · Höhe** rechnet.

- Volumen eines **Quaders**: $V = a \cdot b \cdot c$
- Volumen eines **Würfels**: $V = a \cdot a \cdot a$

Beispiele

1. Wie viele Würfel passen in den oben abgebildeten Karton?

Lösung:
In eine Schicht passen 5 Reihen mit jeweils 6 Würfeln.
Man kann 4 Schichten übereinanderstapeln.
Insgesamt passen also $5 \cdot 6 \cdot 4 = 120$ Würfel in den Karton.

Zähle ab, wie viele Reihen und Schichten in den Karton passen.

2. Berechne das Volumen des Würfels.

Lösung:
$V = a \cdot a \cdot a$
$V = 2\text{ cm} \cdot 2\text{ cm} \cdot 2\text{ cm}$
$V = 8\text{ cm}^3$

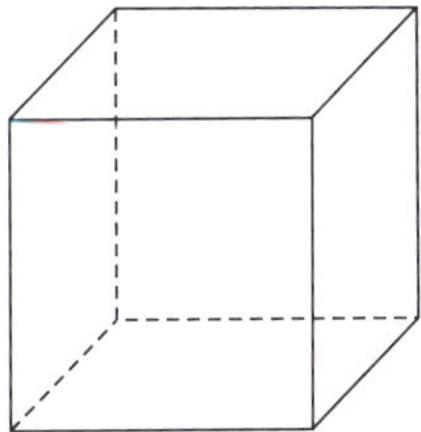

210 Aus wie vielen Würfeln setzen sich die Körper jeweils zusammen?

a)

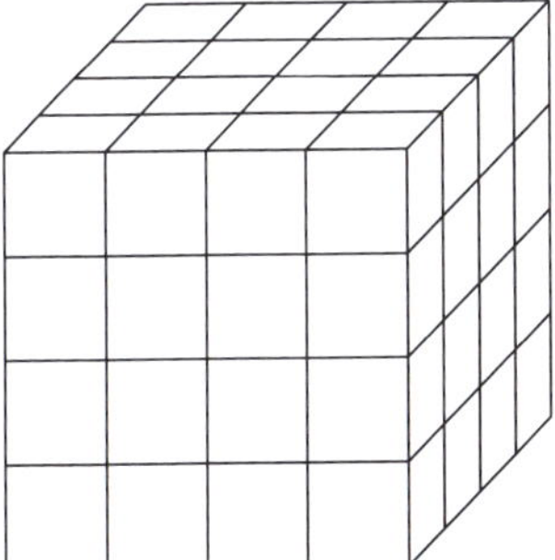

b)

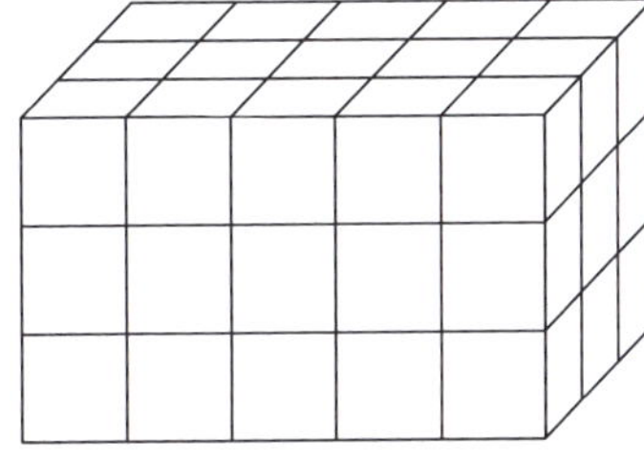

211 Wie viele kleine Würfel musst du jeweils ergänzen, um einen Quader zu erhalten?

a)

b)

212 Berechne das Volumen der folgenden Würfel.

a) a = 5 cm
b) a = 12 cm
c) a = 15 cm
d) a = 10 cm

213 Timo möchte aus kleinen Holzwürfeln große Würfel bauen.

a) Aus welcher Anzahl an Holzwürfeln kann er einen großen Würfel bauen? Kreuze an.

☐ 6 ☐ 8 ☐ 9 ☐ 12 ☐ 15 ☐ 25 ☐ 27

b) Finde weitere Anzahlen an Würfeln, mit denen man einen großen Würfel bauen kann.

214 Berechne das Volumen der abgebildeten Quader.

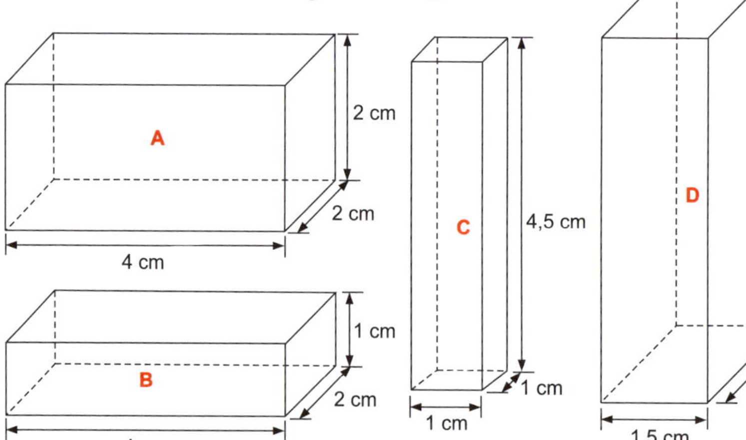

215 Bestimme die fehlenden Größen der Quader.

	Seitenlänge a	Seitenlänge b	Seitenlänge c	Oberfläche	Volumen
a)	12 cm	8 cm	4 cm		
b)	120 cm	8 dm	1,2 m		
c)	7 cm	5 cm			210 cm^3
d)		4 cm	6 cm		72 cm^3

216 Ein Quader hat ein Volumen von 80 cm^3. Gib mögliche Maße für 3 unterschiedliche Quader an.

217 Melissa kann sich nicht von ihren alten Videokassetten trennen und möchte sie möglichst platzsparend verstauen. Sie besitzt genau 20 Kassetten, die alle in einem Karton verpackt werden sollen. Eine Videokassette ist 20 cm hoch, 10,5 cm breit und 2,8 cm dick.

218 Das Fassungsvermögen der beiden Rucksäcke ist jeweils mit 35 Litern angegeben. Überprüfe durch Rechnung.
Rucksack Carry On:
Höhe: 51 cm; Breite: 33 cm; Tiefe: 23 cm
Rucksack Easy Carry:
Höhe: 45 cm; Breite: 32 cm; Tiefe: 19 cm

Easy Carry

Carry On

219 Markus hat zum Geburtstag ein neues Aquarium bekommen.
Es ist 90 cm lang, 50 cm breit und 60 cm hoch. Um das Aquarium mit Wasser zu füllen, steht ihm ein Eimer, in den 8 Liter Wasser passen, zur Verfügung.
Wie oft muss Markus den Eimer mit Wasser füllen, bis das Aquarium voll ist?

220 Das fast 335 Meter lange Containerschiff Chicago Express hat seinen Heimathafen in Hamburg erreicht. Insgesamt hat das Schiff 8 749 Container an Bord transportiert. Ein Container ist 12 m lang, 2,6 m hoch und 2,4 m breit.
Berechne das gesamte Stauvolumen.

221 Die Spielzeugautos sollen in quaderförmigen Paketen verschickt werden. Welches Volumen müssen die Pakete mindestens haben?

a) b)

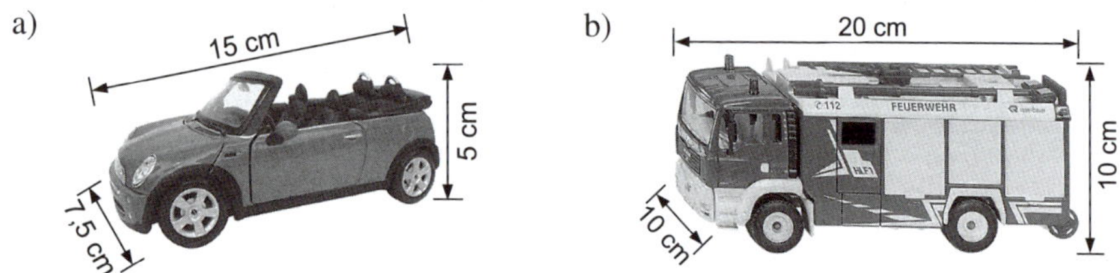

222 Gib jeweils die Maße für 2 verschiedene Quader so an, dass gilt: Das Volumen ist gleich, aber die Oberfläche ist unterschiedlich.

223 Die folgenden Figuren sind aus mehreren Quadern zusammengesetzt. Ein einzelner Quader hat folgende Kantenlängen: $a = 5$ cm; $b = 2$ cm; $c = 20$ cm. Berechne das Volumen der Figuren.

a) b)

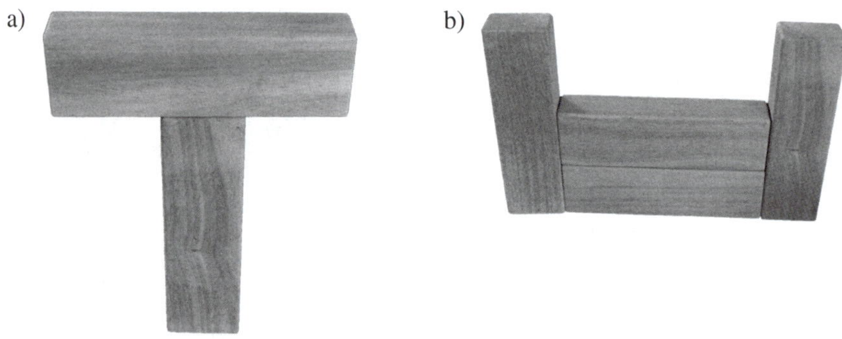

224 Berechne das Volumen des Körpers. Entnimm nicht angegebene Maße der Zeichnung.

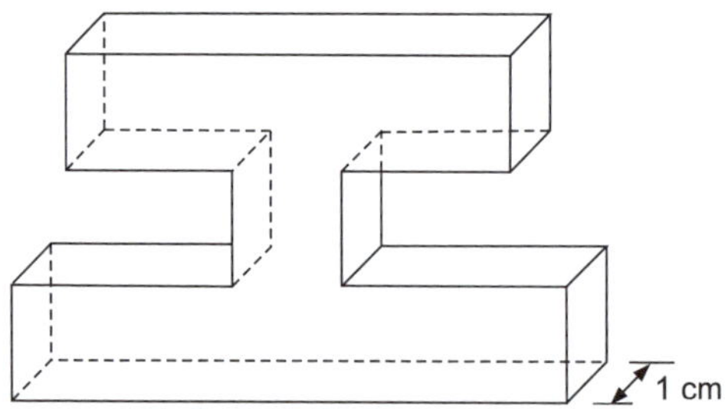

Daten darstellen und auswerten

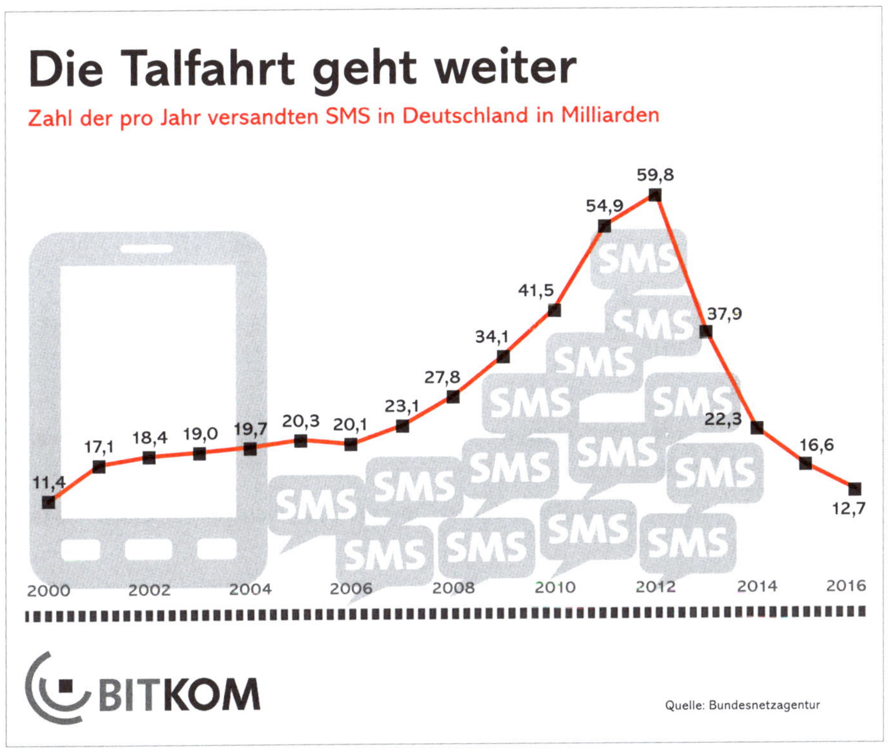

Sicher hast du in Zeitungen schon oft **Schaubilder** wie das oben abgebildete gesehen. Solche Grafiken enthalten verschiedene Informationen, die nicht alle auf den ersten Blick ersichtlich sind. Im nachfolgenden Kapitel werden dir Grafiken aller Art begegnen und du wirst lernen, wie man sie liest, versteht und auswertet.

1 Schaubilder und Diagramme

Informationen zu Sachaufgaben sind oft in **Tabellen**, **Diagrammen** und **Schaubildern** abgebildet.

Um Aufgaben mit **Schaubildern** zu lösen, gehe folgendermaßen vor:
- **Lies** dir die Fragen aufmerksam durch.
- **Betrachte** die Grafik genau: Wie lautet die **Überschrift**, was ist in der Grafik **dargestellt**, welche **Informationen** benötigst du zur Lösung der Aufgabe?
- Manchmal musst du zur Lösung der Aufgabe nicht rechnen, sondern kannst die geforderten Daten direkt aus dem Schaubild **ablesen**.

Beispiele

1. Betrachte die Grafik auf der vorherigen Seite. Wie viele Millionen SMS wurden 2012 verschickt?

Lösung:

2012 wurden 59,8 Millionen SMS verschickt.

Das Jahr kannst du bei dieser Grafik **unten** ablesen.

2. Wie viel Millionen SMS wurden im Jahr 2014 weniger verschickt als im Jahr 2012?

Lösung:

59,8 Mio. − 22,3 Mio. = 37,5 Mio.

Es wurden 37,5 Mio. SMS weniger verschickt.

Überlege, **welche** beiden Punkte du betrachten musst.

225 Für die Schülerzeitung hat Dilara ihre Mitschülerinnen und Mitschüler nach ihrem liebsten Haustier befragt. Das Ergebnis hat sie in einem Diagramm dargestellt.

a) Welches Haustier ist am beliebtesten?

b) Wie viele Schülerinnen und Schüler wurden befragt?

c) Schreibe einen kurzen Zeitungsartikel zu dem Diagramm.

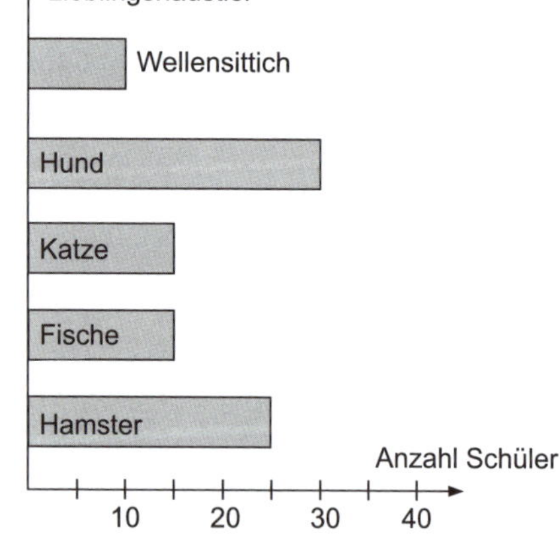

226

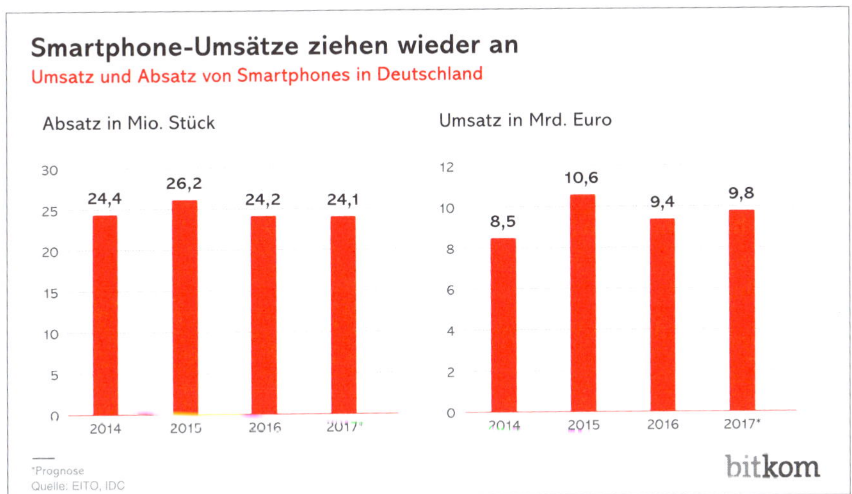

a) Beschreibe den Unterschied zwischen dem linken und dem rechten Säulendiagramm.

b) Wie hoch war der Umsatz, der 2014 in Deutschland mit Smartphones gemacht wurde?

c) In welchem Jahr wurden in Deutschland 26 200 000 Smartphones verkauft?

d) Wie viel Millionen mehr Smartphones wurden im Jahr 2015 im Vergleich zum Jahr 2016 verkauft?

e) Was denkst du: Wie viel Umsatz wird im Jahr 2018 ungefähr mit Smartphones gemacht werden? Begründe deine Einschätzung.

227 Der Lehrer der 6 a (24 Schülerinnen und Schüler) befragt seine Klasse, zu welchem Zweck sie zu Hause den Computer am häufigsten nutzen. Aus den gesammelten Daten erstellt er ein Kreisdiagramm.

a) Zu welchem Zweck nutzen die meisten Jugendlichen ihren Computer am häufigsten?

b) Wie viele Schülerinnen und Schüler nutzen ihren Computer am häufigsten zum Surfen?

c) Zu welchem Zweck nutzt du am häufigsten den Computer?

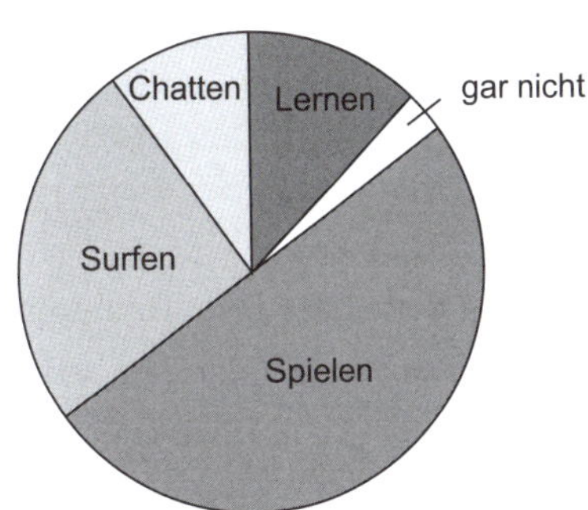

228 Das Diagramm zeigt das Abschneiden der Fußballclubs FSV Mainz 05 und FC Augsburg in den letzten Bundesligasaisons.

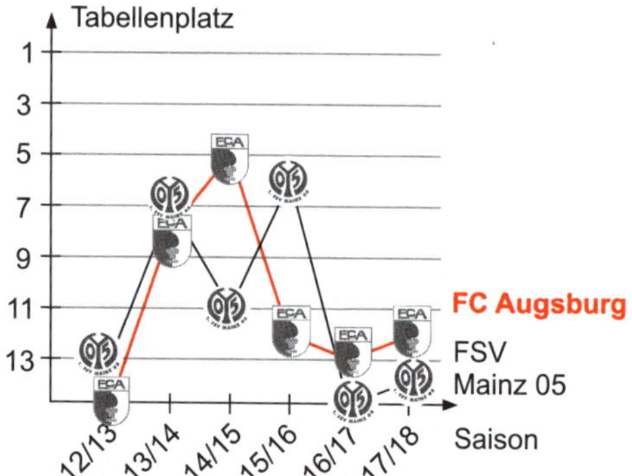

a) In wie vielen Jahren hat Augsburg besser abgeschnitten als Mainz?

b) In welchem Jahr haben die beiden Vereine jeweils am schlechtesten abgeschnitten?

c) Ergänze die fehlenden Werte in der Tabelle.

Saison	12/13					17/18
Tabellenplatz Borussia Dortmund	2	2	7	2	3	4
Tabellenplatz FSV Mainz 05						
Tabellenplatz FC Augsburg						

d) Zeichne in das Diagramm die Tabellenplätze von Borussia Dortmund ein.

229

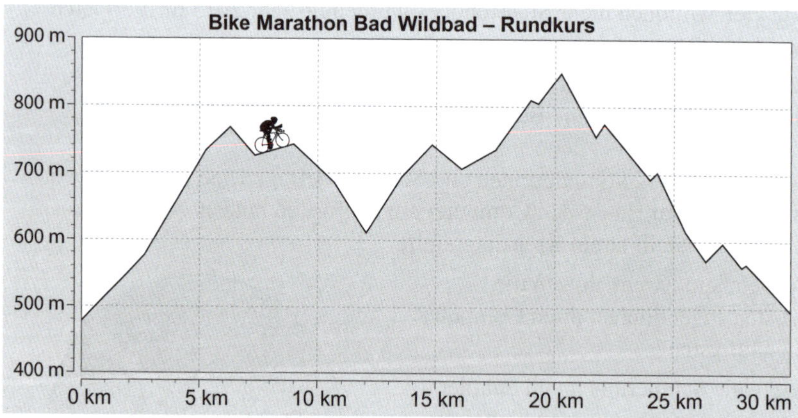

Pascal nimmt an einem Bike-Marathon mit dem abgebildeten Höhenprofil teil.

a) Bei welchem Kilometer befindet sich die höchste Stelle des Kurses?

b) Bestimme den Höhenunterschied zwischen dem niedrigsten und dem höchsten Punkt der Strecke.

c) Wie viele Kilometer werden auf einer Runde zurückgelegt?

d) Zwischen welchen Kilometern befindet sich die längste Steigung?

Wenn du selbst ein **Säulen-** oder **Balkendiagramm** erstellen möchtest, achte auf die folgenden Punkte:

- Überlege, welche Größen du an **welcher Achse** einzeichnen musst.
- Wähle für die **Einteilung** der Achsen geeignete Abstände, sodass alle Daten in dem Diagramm Platz haben.
- Vergiss nicht, die Achsen und Säulen bzw. Balken zu **beschriften**, und finde gegebenenfalls eine passende **Überschrift**.

Beispiel

In Tamaras Klasse haben 4 Schülerinnen oder Schüler blonde Haare, 7 Kinder haben hellbraune Haare, die Haare von 9 Schülerinnen und Schülern sind dunkelbraun und 5 Kinder haben schwarze Haare.
Erstelle ein Balken- und ein Säulendiagramm.

Lösung:

Balkendiagramm

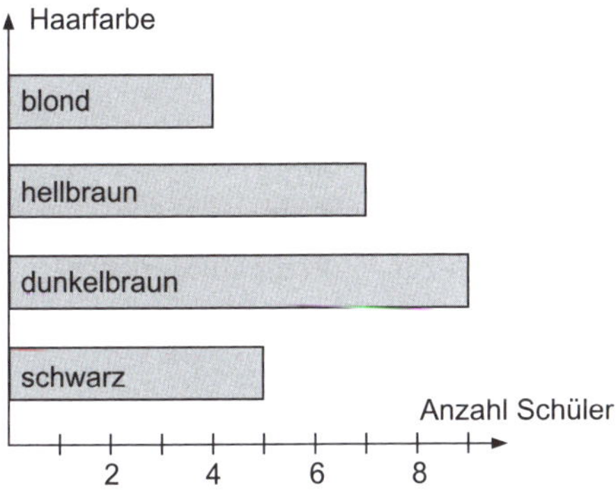

Bei einem Balkendiagramm werden die Daten in **waagrecht liegenden Balken** veranschaulicht. Die festgelegte Größe wird auf der **Rechtsachse** angetragen.

Da die größte Schülerzahl mit einer Haarfarbe hier 9 ist, bietet es sich an, dass ein Schüler **0,5 cm** entspricht.

Säulendiagramm

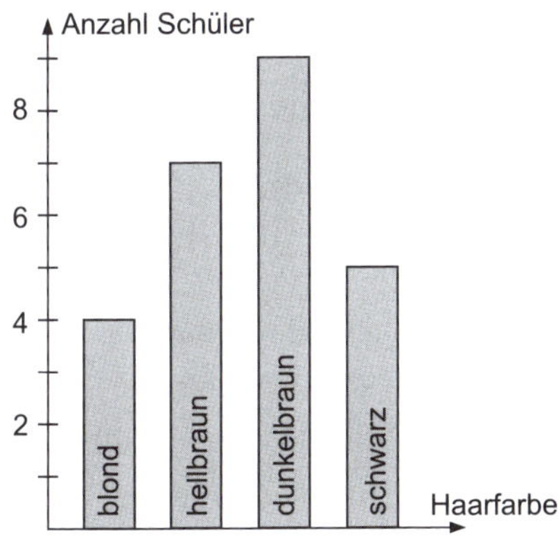

Bei einem Säulendiagramm werden die Daten in **stehenden Säulen** veranschaulicht. Die festgelegte Größe wird auf der **Hochachse** angetragen.

230 Lorenz hat seine Mitschülerinnen und Mitschüler danach befragt,welches Instrument sie spielen. Erstelle aus seinen gesammelten Daten ein Säulendiagramm.

231 Boris hat einen großen Garten mit vielen Apfelbäumen. In den letzten Jahren hat er sich immer notiert, wie viel Kilogramm Äpfel er ernten konnte.

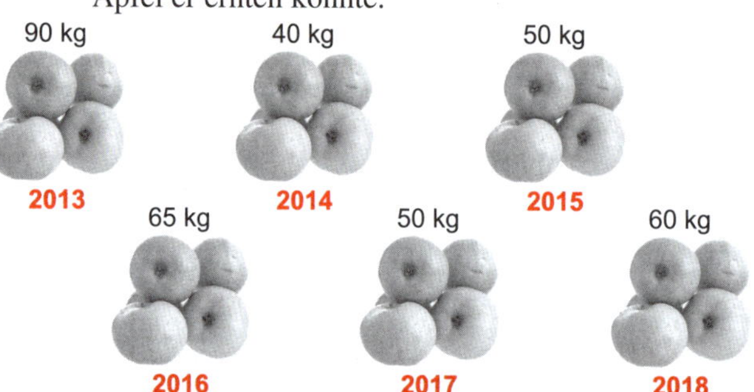

a) Stelle den Sachverhalt in einem Balkendiagramm dar.

b) In welchem Jahr wurde am meisten, in welchem Jahr am wenigsten geerntet?

c) In welchem Jahr ist der Ertrag im Vergleich zum Vorjahr am stärksten gesunken?

232 Die Tabelle zeigt die 6 größten Städte Deutschlands.

Stadt	Einwohner 1990	Einwohner 2010	Fläche (km^2)	Bundesland
Berlin	3 433 695	3 442 675	891,02	Berlin
Hamburg	1 652 363	1 774 224	755,25	Hamburg
München	1 229 026	1 330 440	310,40	Bayern
Köln	953 551	998 105	405,17	NRW
Frankfurt am Main	644 865	671 927	248,31	Hessen
Stuttgart	579 988	601 646	207,35	BW

a) Stelle die Einwohnerzahlen von 1990 in einem Balkendiagramm dar.

b) Überschlage die gesamte Fläche der 6 größten Städte Deutschlands.

c) Überschlage die gesamte Einwohnerzahl der 6 Großstädte im Jahr 2010.

d) Wo ist die Einwohnerzahl von 1990 bis 2010 am meisten gestiegen?

e) Erfinde selbst Fragen und beantworte sie.

233 Das Diagramm bildet die 5 längsten Flüsse ab, die durch Deutschland fließen.

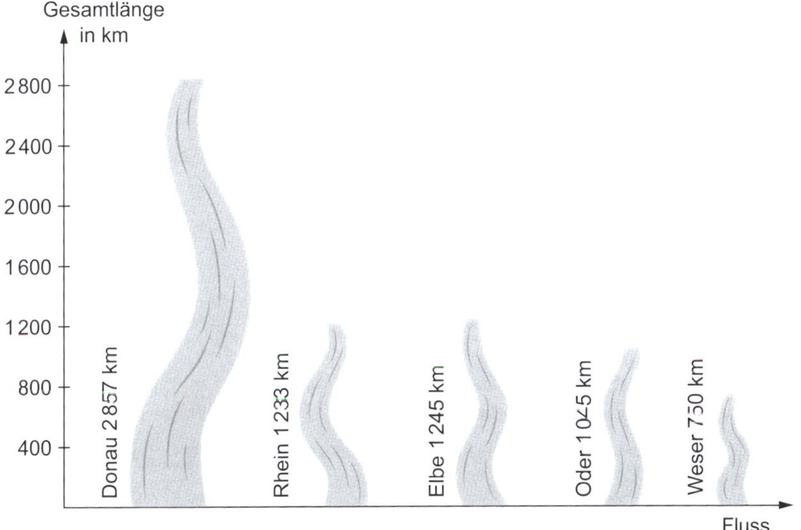

Für ein Referat findet Sophie folgende zusätzliche Informationen im Internet:
„Die Donau fließt 647 km durch Deutschland, entspringt im Schwarzwald und mündet ins Schwarze Meer.
Die Elbe fließt 727 km durch Deutschland, entspringt in der Tschechischen Republik und mündet genau wie der Rhein und die Weser in die Nordsee.
Auch die Oder entspringt in der Tschechischen Republik. Sie fließt nur 179 km durch Deutschland und mündet in die Ostsee.
Der Rhein fließt 865 km durch Deutschland und entspringt in der Schweiz.
Die Weser entspringt im Thüringer Wald und verläuft ausschließlich in Deutschland."

a) Übertrage alle Informationen aus dem Säulendiagramm und aus dem Text in eine übersichtliche Tabelle in dein Heft.

Fluss	Gesamtlänge	Länge in Deutschland		
Donau				

b) Erstelle selbst ein Säulendiagramm, das die Länge der Flüsse ausschließlich in Deutschland darstellt.

2 Durchschnitt

Johanna möchte wissen, wie sie mit ihrem Zeugnis im **Vergleich** zum Rest der Klasse abgeschnitten hat. Um die Zeugnisse sinnvoll miteinander vergleichen zu können, hilft ihr der **Notendurchschnitt** (Mittelwert der Noten).

ZEUGNIS

Johanna Klaas Klasse 6 a 1. und 2. Halbjahr

Mathematik	2	AWT	2
Deutsch	3	GSE	3
Englisch	4	Natur	3
Religionslehre	3	Sport	1
Musik	2	Kunst	1

Schulleiter Klassenlehrer

Den Durchschnitt verschiedener Daten berechnet man, indem man die **Summe** aller untersuchten Werte **durch die Anzahl** der untersuchten Werte **dividiert**.

Den Durchschnitt bezeichnet man auch als **arithmetisches Mittel** oder als **Mittelwert**.

Beispiel Berechne den Notendurchschnitt von Johannas Zeugnis.

Lösung:

$2+3+4+3+2+2+3+3+1+1=24$

$24:10$ (Fächer) $=2,4$

Man addiert die **Noten aller Fächer** und teilt diese Summe durch die **Anzahl der Fächer**.

Johanna hat in ihrem Zeugnis einen Notendurchschnitt von 2,4.

234 Elias fallen beim Gruppenfoto seiner Tischtennismannschaft die extremen Größenunterschiede der einzelnen Spieler auf. Er möchte die durchschnittliche Körpergröße berechnen, damit er weiß, ob er in der Mannschaft über- oder unterdurchschnittlich groß ist.

Name	Elias	Simon	Cederic	Maxi	Jan-Ole	Mert
Körpergröße	1,46 m	1,41 m	1,38 m	1,64 m	1,61 m	1,50 m

235 Bei einem Fußballspiel Deutschland gegen England wird das Alter der jeweiligen Spieler in der Startmannschaft verglichen.
Deutschland: 22; 23; 24; 24; 25; 26; 28; 28; 28; 29; 29
England: 17; 19; 24; 24; 24; 27; 30; 32; 32; 34; 34

a) Berechne den Altersdurchschnitt der beiden Fußball-Nationalmannschaften.

b) Welches Land hat deiner Meinung nach die jüngere Mannschaft? Begründe deine Entscheidung.

236 Die beiden 6. Klassen haben dieselbe Klassenarbeit geschrieben.

Klasse 6a

Note	1	2	3	4	5	6
Anzahl der Schüler	3	4	3	8	4	2

Klasse 6b

Note	1	2	3	4	5	6
Anzahl der Schüler	0	2	7	10	1	0

a) Vergleiche die Noten der beiden Klassen mithilfe des arithmetischen Mittels.

b) Welche Klasse hat deiner Meinung nach besser abgeschnitten? Begründe deine Entscheidung.

237 Die Tabellen und Grafiken stellen die Höchsttemperaturen in 4 verschiedenen Städten innerhalb einer Woche dar:

München

Tag	Mo.	Di.	Mi.	Do.	Fr.	Sa.	So.
Temperatur in °C	6	5	4	–5	–7	–1	1,5

Stuttgart

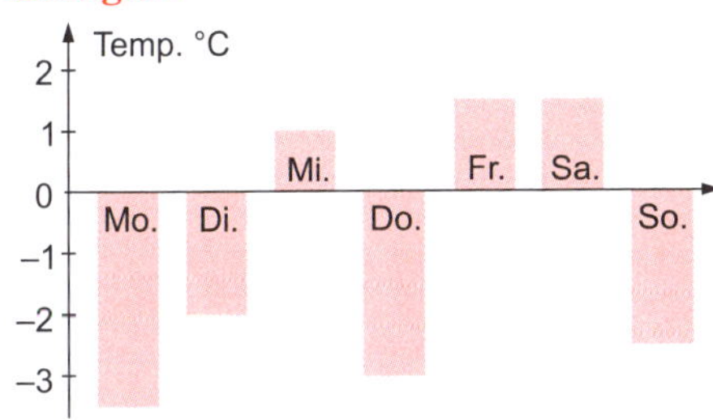

Freiburg

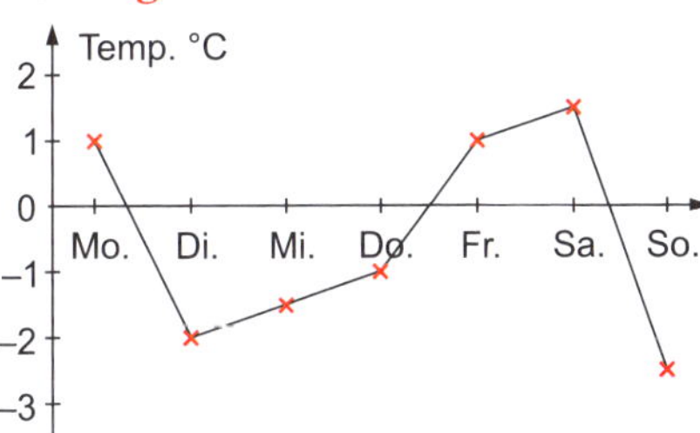

Bamberg

Tag	Mo.	Di.	Mi.	Do.	Fr.	Sa.	So.
Temperatur in °C	–3	–1,5	1,5	3	4	–2,5	–5

Welche Stadt hatte in der angegebenen Woche den höchsten (niedrigsten) Temperaturdurchschnitt?

238 Bei einer 5-tägigen Fahrradtour legen Jonas und Marie im Schnitt 65 km am Tag zurück.

a) Wie viele Kilometer sind die beiden in den 5 Tagen insgesamt gefahren?

b) Wie lang könnten die einzelnen Tagesetappen gewesen sein? Gib in einer übersichtlichen Tabelle 3 mögliche Verteilungen an.

3 Sachaufgaben

Bei Sachaufgaben ist es wichtig, dass du **ruhig** und **überlegt** an die Aufgabe herangehst. Am besten gehst du bei der Bearbeitung nach folgendem **Plan** vor:

1. **Lies** die Aufgabe genau durch und **markiere** wichtige Angaben.
2. Schreibe dir auf, was **gegeben** ist und wonach **gesucht** wird.
3. **Rechne** die Aufgabe **schrittweise** oder mit einem **Gesamtansatz**. Oft kann dir eine **Skizze** bei der Lösung der Aufgabe helfen.
4. **Überprüfe**, ob deine Lösung sinnvoll ist.
5. Schreibe einen **Antwortsatz**.

Beispiele

1. Frau und Herr Koch (beide 42 Jahre) gehen mit ihren Kindern Max (1,55 m groß) und Lydia (1,20 m groß) in den Bayernpark. Wie viel kostet der Eintritt?

Eintrittspreise:

Erwachsene	22,00 €
Kinder (100–140 cm*)	19,50 €
Kinder (unter 100 cm*)	frei
Senioren (ab 60 Jahren)	18,00 €

*Körpergröße

Lösung:

Gegeben:

3 Erwachsene je 22,00 €
1 Kind 19,50 €

Max ist 1,55 m = 155 cm groß, also muss er den Preis für Erwachsene zahlen. Lydia bekommt den Eintrittspreis für Kinder, da sie 120 cm groß ist.

Gesucht:

Gesamter Eintrittspreis

Rechnung:

$3 \cdot 22{,}00\ € + 19{,}50\ € =$
$66{,}00\ € + 19{,}50\ € = 85{,}50\ €$

Hier wird ein **Gesamtansatz** aufgestellt. Du kannst aber auch schrittweise rechnen.

Antwort:

Der Eintritt kostet 85,50 €.

Vergiss nicht, einen Antwortsatz zu schreiben.

2. Marie lädt zu ihrer Geburtstagsparty 4 Freundinnen ein. Zum Nachtisch soll es für jeden einen Schokoriegel geben. Marie weiß, dass sie beim letzten Einkauf 1,60 € für 2 Schokoriegel bezahlt hat. Wie viel Geld muss Marie für alle Schokoriegel einplanen?

Lösung:

Gegeben:

4 Gäste + Marie = 5 Mädchen
2 Schokoriegel kosten 1,60 €

Gesucht:

Preis für 5 Schokoriegel

Rechnung:

	Schokoriegel	Preis in €	
	2	1,60	
:2	1	0,80	:2
·5	5	4,00	·5

Berechne zuerst, wie viel **ein Schokoriegel** kostet. Dann kannst du leicht ausrechnen, was 5 Riegel kosten.

Antwort:
5 Schokoriegel kosten 4,00 €.

239

1 🚌 Wellingdorf – Gewerbegebiet Benzstr. – Klausdorf – Schulzentrum Elmschenhagen – Elmschenhagen, Krooger Kamp

Haltestellen		Montag bis Freitag												
Wellingdorf	ab	5.31	6.27	7.17	8.10	8.59	9.49	10.44	11.44	12.44	13.40	14.31	15.29	alle 60 Min.	18.29
Flüggendorfer Straße		32	28	18	11	9.00	50	45	45	45	41	32	30		30
Rosenfelder Straße		33	29	19	12	01	51	46	46	46	42	33	31		31
Rundweg		34	30	20	13	02	52	47	47	47	43	34	32		32
Rosenweg		36	32	22	15	04	54	49	49	49	45	36	34	alle 60 Min.	34
Südring		37	33	23	16	05	55	50	50	50	46	37	35		35
Klausdorfer Hof		38	34	24	17	06	56	51	51	51	47	38	36		36
Schulstraße		39	35	25	18	07	57	52	52	52	48	39	37		37
Klausdorf Schule		40	36	26	19	08	58	53	53	53	49	40	38		38
Nadelberg		41	37	27	20	09	59	54	54	54	50	41	39	alle 60 Min.	39
Abzweig Klausdorf		42	38	28	21	10	10.00	55	55	55	51	42	40		40
Liesenhörnweg		43	39	29	22	11	01	56	56	56	52	43	41		41
Klosterweg		44	40	30	23	12	02	57	57	57	53	44	42		42
Toweddern		45	41	31	24	13	03	58	58	58	54	45	43		43
Teplitzer Allee		46	42	32	25	14	04	59	59	59	55	46	44	alle 60 Min.	44
Schulzentrum Elmschenhagen		48	44	34	27	16	06	11.01	12.01	13.01	57	48	46		46
Krooger Kamp	an	5.50	6.46	7.36	8.29	9.18	10.08	11.03	12.03	13.03	13.59	14.50	15.48		18.48

a) Wie lange braucht der Bus von Wellingdorf zum Krooger Kamp?

b) Wann fährt der erste Bus am Tag vom Rosenweg los?

c) Wann muss Aylin spätestens am Rosenweg losfahren, wenn sie um 11:00 Uhr am Liesenhörnweg verabredet ist?

d) Die erste Stunde beginnt um 7:55 Uhr im Schulzentrum Elmschenhagen. Wann muss Linus spätestens an der Rosenfelder Straße einsteigen, damit er pünktlich zur 1. Stunde kommt?

e) Wann fahren die Busse zwischen 15:00 Uhr und 18:00 Uhr am Klosterweg ab?

f) Erfinde selbst Aufgaben und beantworte sie.

240

Skipass Bergwelt

	Erwachsene	Jugendliche 16–18 Jahre	Kinder 6–15 Jahre
Tageskarte	39,00 €	29,50 €	21,50 €
2 Tage	68,00 €	40,50 €	32,00 €
2,5 Tage	86,50 €	61,00 €	48,50 €
Saison	460,00 €	329,00 €	222,00 €
Familienpreise	**2 Erw., 1 Kind**	**2 Erw., 2 Kinder**	**2 Erw., 3 Kinder**
Tageskarte	68,00 €	68,00 €	68,00 €
2 Tage	86,50 €	86,50 €	86,50 €

a) Wie viel muss ein 15-jähriger Junge für eine Tageskarte bezahlen?

b) Wie viel muss ein Erwachsener für eine 2-Tage-Karte bezahlen?

c) Wie groß ist der Preisunterschied bei einer 2,5-Tage-Karte zwischen Jugendlichen und Kindern?

d) Melanie ist 16 Jahre alt und überlegt, wie oft sie in der Saison zum Skifahren gehen müsste, damit sich die Saisonkarte gegenüber den Tageskarten lohnen würde.

e) Frau und Herr Stein sind mit ihren 10-jährigen Zwillingen für 2 Tage zum Skifahren in der Bergwelt. Wie viel spart die Familie mit einer Familienkarte gegenüber den 2-Tage-Einzelkarten?

f) Erfinde eigene Fragen zu der Preistafel und beantworte sie.

241 Im Radio wirbt der Erlebnispark Schloss Thurn mit folgenden Preisen: „Erwachsene und Jugendliche ab 12 Jahren zahlen 16,00 €, Kinder zwischen 3 und 11 Jahren und Senioren ab 55 Jahren bezahlen 14,00 €. Oder kommen Sie mit Ihrer ganzen Familie zu uns: 2 Erwachsene mit bis zu 3 eigenen Kindern zahlen nur 55 €. Alle Geburtstagskinder haben sogar freien Eintritt!“

a) Ergänze die Preistafel.

b) Ab wie vielen Kindern lohnt sich eine Familienkarte?

c) An Anna-Lenas 12. Geburtstag geht sie mit ihren Freunden Chrissi (11 Jahre) und Feli (12 Jahre) sowie mit ihrer Mutter in den Erlebnispark. Wie viel kostet der Eintritt?

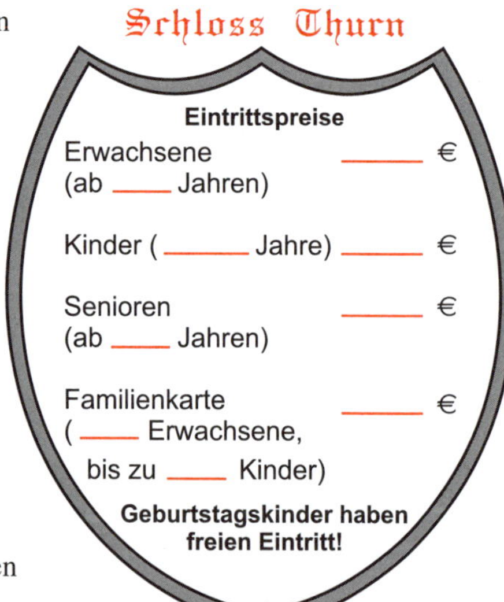
Schloss Thurn

Eintrittspreise

Erwachsene (ab ____ Jahren) ____ €

Kinder (____ Jahre) ____ €

Senioren (ab ____ Jahren) ____ €

Familienkarte (____ Erwachsene, bis zu ____ Kinder) ____ €

Geburtstagskinder haben freien Eintritt!

242 Bis 2011 rollte fast jedes Jahr ein Castor-Transport mit Atommüll aus Frankreich nach Gorleben. Der Zug konnte dafür in Deutschland verschiedene Wege nehmen, die alle auf der Karte dargestellt sind.

a) Wegen zahlreicher Demonstrationen an den Gleisen musste der Transport in einem Jahr die folgende Strecke fahren:
Karlsruhe – Heilbronn – Würzburg – Frankfurt – Kassel – Göttingen – Hannover – Verden – Uelzen – Lüneburg – Gorleben
Wie viele Kilometer hat der Transport auf dieser Strecke etwa zurückgelegt?

b) Wie groß war der Umweg im Vergleich zur kürzesten Strecke?

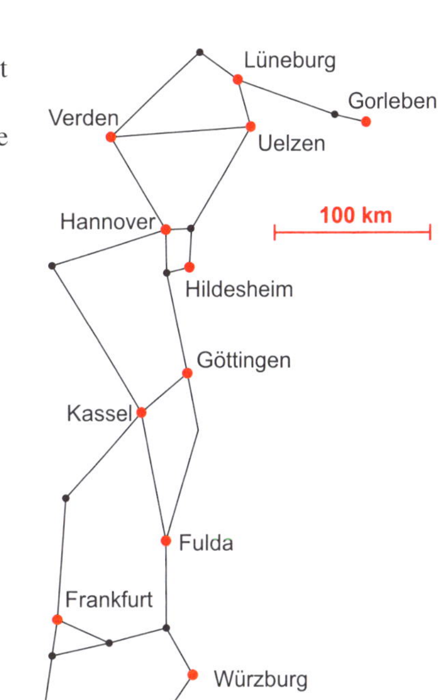

243 Herr Hauer muss auf der Wetterseite seines Daches eine 7 m lange Regenrinne erneuern. Im Baumarkt findet er folgende Angebote:

Dachrinne Titanzink
100 cm
6,55 €

Dachrinne Titanzink
200 cm
13,57 €

Dachrinne TItanzink
300 cm
19,14 €

Welche Kombination ist für Herrn Hauer am günstigsten und was kostet sie?

244 Auf einem Weihnachtsbasar sollen selbst gemachte Weihnachtsmänner verkauft werden. Dafür werden 3 kg Schokolade eingeschmolzen. Von den 3 unterschiedlichen Formen, die zur Verfügung stehen, sollen jeweils möglichst gleich viele Stücke gegossen werden.

245 Inga kauft für ihr Klassentreffen ein. Der Wetterbericht sagt viel Sonne und hohe Temperaturen voraus. Deshalb plant sie für jeden der 20 Schülerinnen und Schüler 1,5 Liter Getränke ein.

a) Welche Kosten entstehen bei welcher Kombination? Berechne 3 mögliche Zusammenstellungen.

b) Berechne die günstigste bzw. teuerste Zusammenstellung.

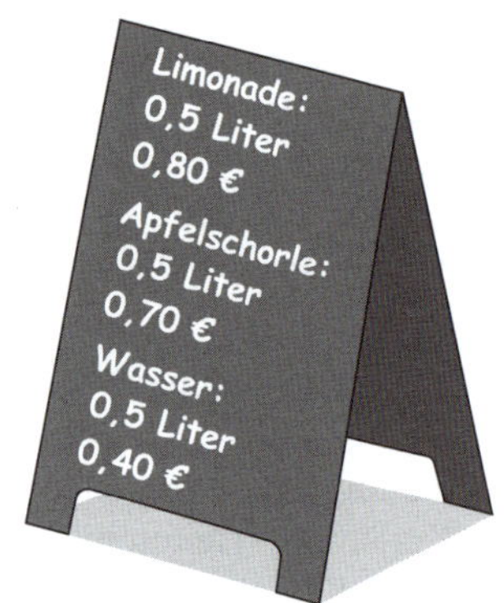

246 Für eine Weihnachtsfeier benötigt Markus 22 Nikolausmützen. Sein Freund erzählt ihm, dass er zuletzt für 4 Mützen 6 € bezahlt hat.

247 Aus einem Duschkopf tropfen in 5 Minuten 2,5 ℓ Wasser. Stelle den Sachverhalt in einer übersichtlichen Tabelle und in einem Koordinatensystem dar.

248 Bei einem Stockcar-Rennen sind am Ende noch ein rotes, ein schwarzes und ein graues Rennauto übrig. Wie viele unterschiedliche Platzierungsmöglichkeiten gibt es? Schreibe dir dazu am besten alle möglichen Endergebnisse in einer übersichtlichen Tabelle auf.

249 Setze die Wörter richtig in die Sätze ein.

wahrscheinlicher **unwahrscheinlicher**

gleich wahrscheinlich **sicher** **unmöglich**

a) Eine gerade Zahl zu drehen, ist ______________________.

b) Eine 1-stellige oder eine 2-stellige Zahl zu drehen ist ______________.

c) Eine ungerade Zahl zu drehen ist ______________________.

d) Es ist ______________________, eine Zahl zu drehen, die durch 2 teilbar ist, als eine Zahl zu drehen, die durch 4 teilbar ist.

e) Es ist ______________________, eine Zahl zu drehen, die durch 3 teilbar ist, als eine Zahl zu drehen, die durch 4 teilbar ist.

Lösungen

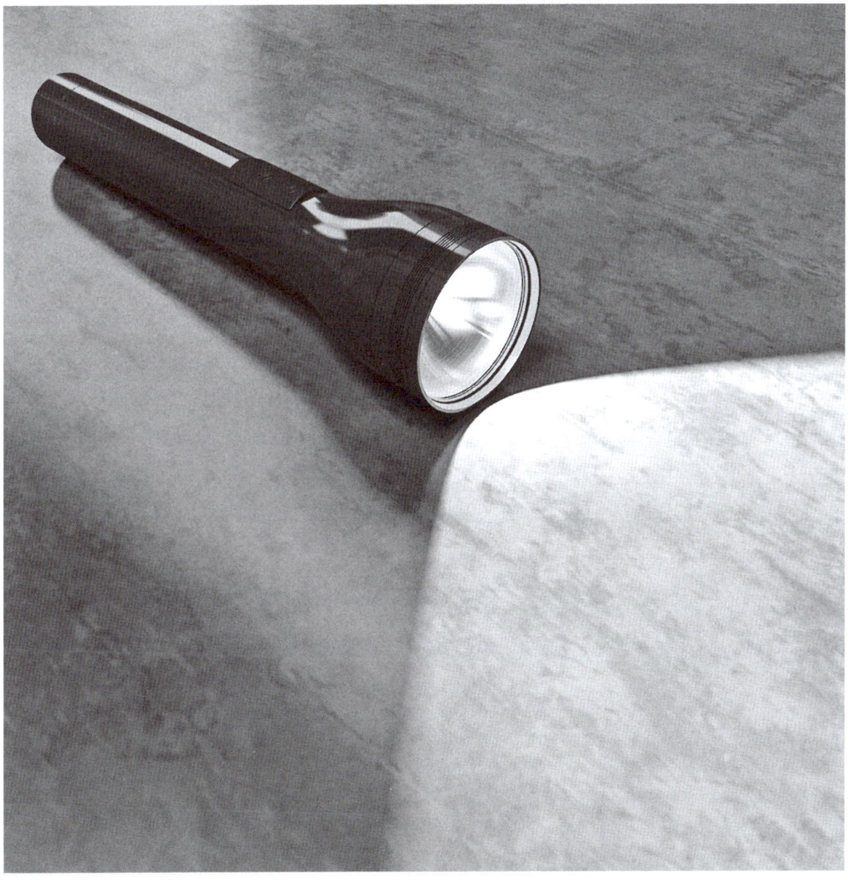

Solltest du bei einer der Aufgaben alleine einmal nicht weiterkommen, bringen die folgenden **Lösungen** Licht ins Dunkel.

1 a) $\frac{1}{4}$

1 Teil von 4 Teilen ist grau.

b) $\frac{4}{9}$

4 Teile von 9 Teilen sind grau.

c) $\frac{3}{4}$

3 Teile von 4 Teilen sind grau.

d) $\frac{2}{3}$

2 Teile von 3 Teilen sind grau.

2 a)

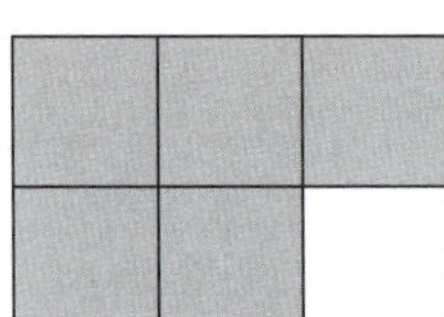

b)

Die roten Linien unterteilen das Rechteck in Sechstel.

3 a) $\frac{7}{10}$

7 von 10 Einheiten sind markiert.

b) $\frac{2}{5}$

2 von 5 Einheiten sind markiert.

c) $\frac{3}{8}$

3 von 8 Einheiten sind markiert.

4 Mögliche Lösungen:

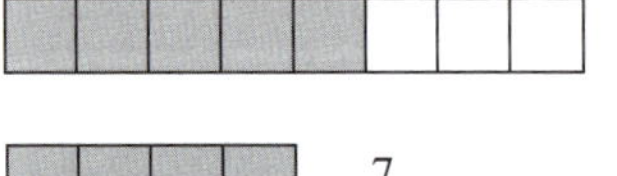

$\frac{5}{8}$

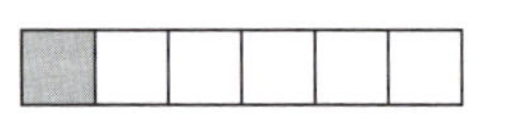

$\frac{1}{6}$

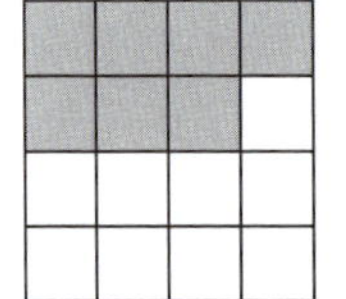

$\frac{7}{16}$

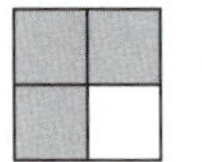

$\frac{3}{4}$

5 a) 

$\frac{1}{2}$ bleibt ungefärbt.

Achte darauf, dass alle Teile gleich groß sind.

b) 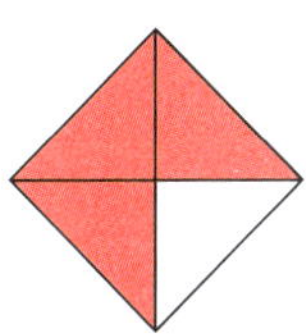

$\frac{1}{4}$ bleibt ungefärbt.

c) 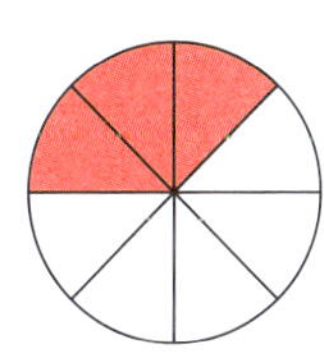

$\frac{5}{8}$ bleiben ungefärbt.

d) 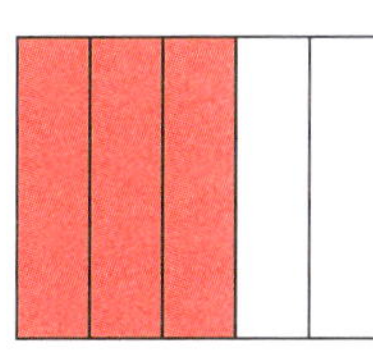

$\frac{2}{5}$ bleiben ungefärbt.

6 a) Ilka hat richtig markiert. Sie hat einen von 4 gleich großen Teilen ausgemalt. Maya hat einen von 5 gleich großen Teilen markiert, Nora hat zwar einen von 4 Teilen ausgemalt, die Teile sind aber nicht gleich groß.

b) Mögliche Lösung:

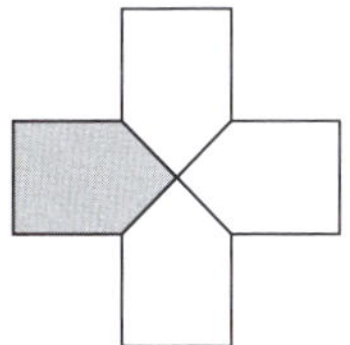

7 a) $18\text{ m} : 3 = 6\text{ m}$
$6\text{ m} \cdot 2 = 12\text{ m}$

Im Nenner steht eine 3. Also wird das Ganze (18 m) in 3 gleiche Teile geteilt (**: 3**). Davon nimmst du 2 Teile (**· 2**).

b) $210\,\ell : 7 = 30\,\ell$
$30\,\ell \cdot 5 = 150\,\ell$

c) $1\,000\text{ g} : 4 = 250\text{ g}$
$250\text{ g} \cdot 3 = 750\text{ g}$

$1\text{ kg} = 1\,000\text{ g}$

d) $60\text{ min} : 6 = 10\text{ min}$
$10\text{ min} \cdot 5 = 50\text{ min}$

$1\text{ h} = 60\text{ min}$

e) $120\text{ €} : 4 = 30\text{ €}$
$30\text{ €} \cdot 3 = 90\text{ €}$

Drei Viertel: $\frac{3}{4}$

f) $5\text{ h} : 5 = 1\text{ h}$
$1\text{ h} \cdot 2 = 2\text{ h}$

Zwei Fünftel: $\frac{2}{5}$

8 **Familie Müller:**
$150\text{ km} : 3 = 50\text{ km}$

$\frac{1}{3}$ bedeutet, dass man das Ganze (also 150 km) in 3 Teile zerlegen muss (**: 3**).

Familie Cermal:
$600\text{ km} : 4 = 150\text{ km}$

Familie Seiler:
$640\text{ km} : 8 = 80\text{ km}$

Familie Fray:
$750\text{ km} : 5 = 150\text{ km}$
$150\text{ km} \cdot 3 = 450\text{ km}$

$\frac{3}{5}$ bedeutet, dass man von den 5 Teilen (**: 5**) 3 Teile (**· 3**) nimmt.

9 a) $\frac{19}{8} = 2\frac{3}{8}$

b) $\frac{11}{6} = 1\frac{5}{6}$

10 Mögliche Lösungen:

a) 

b) 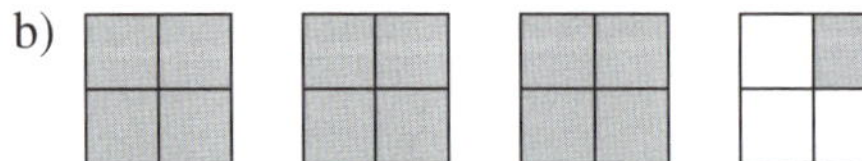

c) 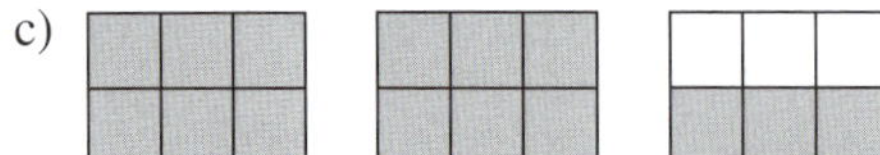

d)

11 Lösungswort: **N A S H O R N**

12 a) $3\frac{5}{6} = \frac{3 \cdot \mathbf{6} + 5}{6} = \frac{23}{6}$

b) $1\frac{1}{4} = \frac{1 \cdot \mathbf{4} + 1}{4} = \frac{5}{4}$

c) $6\frac{2}{3} = \frac{6 \cdot \mathbf{3} + 2}{3} = \frac{20}{3}$

d) $4\frac{5}{8} = \frac{4 \cdot \mathbf{8} + 5}{8} = \frac{37}{8}$

13

- ☐ $\frac{12}{5} = 2\frac{2}{5}$ — 12 : 5 = 2 Rest 2
- ☐ $\frac{13}{8} = 1\frac{5}{8}$ — 13 : 8 = 1 Rest 5
- ☒ $\frac{14}{15}$ — Der Zähler ist kleiner als der Nenner.
- ☒ $\frac{15}{16}$ — Der Zähler ist kleiner als der Nenner.
- ☐ $\frac{9}{8} = 1\frac{1}{8}$ — 9 : 8 = 1 Rest 1
- ☐ $\frac{15}{4} = 3\frac{3}{4}$ — 15 : 4 = 3 Rest 3

14 a) **A:** $\frac{2}{3}$ **B:** $1\frac{1}{3}$ **C:** $2\frac{1}{6}$ **D:** $2\frac{5}{6}$

Der Zahlenstrahl ist in Drittel aufgeteilt. Unterteilt man den Zahlenstrahl noch weiter, erhält man Sechstel.

b) **A:** $1\frac{1}{4}$ **B:** $2\frac{3}{4}$ **C:** $3\frac{1}{4}$ **D:** $4\frac{1}{2}$

Der Zahlenstrahl ist in Halbe aufgeteilt. Unterteilt man den Zahlenstrahl weiter, erhält man Viertel.

15 a) $\frac{5}{6} = \frac{10}{12}$ erweitert mit 2

b) $\frac{1}{2} = \frac{12}{24}$ erweitert mit 12

16 a) $\frac{4}{5} = \frac{4 \cdot \mathbf{3}}{5 \cdot \mathbf{3}} = \frac{12}{15}$

$\frac{7}{9} = \frac{7 \cdot \mathbf{3}}{9 \cdot \mathbf{3}} = \frac{21}{27}$

b) $\frac{5}{6} = \frac{5 \cdot \mathbf{2}}{6 \cdot \mathbf{2}} = \frac{10}{12}$

$\frac{1}{2} = \frac{1 \cdot \mathbf{2}}{2 \cdot \mathbf{2}} = \frac{2}{4}$

17 a) $\frac{4}{18} = \frac{4 : \mathbf{2}}{18 : \mathbf{2}} = \frac{2}{9}$

b) $\frac{6}{9} = \frac{6 : \mathbf{3}}{9 : \mathbf{3}} = \frac{2}{3}$

c) $\frac{20}{24} = \frac{20 : \mathbf{4}}{24 : \mathbf{4}} = \frac{5}{6}$ oder: $\frac{20}{24} = \frac{20:2}{24:2} = \frac{10}{12} = \frac{10:2}{12:2} = \frac{5}{6}$

d) $\frac{36}{48} = \frac{36 : \mathbf{12}}{48 : \mathbf{12}} = \frac{3}{4}$ oder: $\frac{36}{48} = \frac{36:2}{48:2} = \frac{18}{24} = \frac{18:2}{24:2} = \frac{9}{12} = \frac{9:3}{12:3} = \frac{3}{4}$

e) $4\frac{9}{15} = 4\frac{9 : \mathbf{3}}{15 : \mathbf{3}} = 4\frac{3}{5}$

f) $\frac{21}{9} = \frac{21 : \mathbf{3}}{9 : \mathbf{3}} = \frac{7}{3}$

18

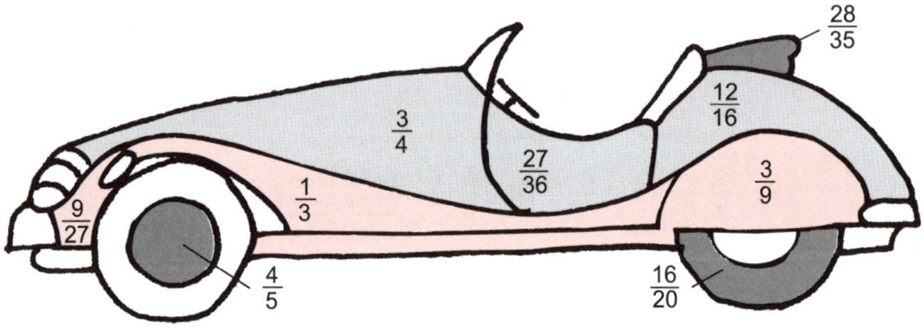

19 a) erweitert mit 3

b) gekürzt mit 2

c) gekürzt mit 4

d) erweitert mit 3

20

a) $\frac{2}{4} = \frac{1}{2}$ gekürzt mit 2

b) $\frac{3}{4} \neq \frac{1}{2}$

c) $\frac{4}{6} = \frac{2}{3}$ gekürzt mit 2

d) $\frac{4}{12} \neq \frac{2}{12}$

21

a) 4 Achtel sind 1 Halbes. $\frac{4}{8} = \frac{1}{2}$

b) 3 Neuntel sind 1 Drittel. $\frac{3}{9} = \frac{1}{3}$

c) 4 Zehntel sind 2 Fünftel. $\frac{4}{10} = \frac{2}{5}$

22

a) $\frac{1}{2} = \frac{6}{12}$ erweitert mit 6

b) $\frac{2}{3} = \frac{8}{12}$ erweitert mit 4

c) $\frac{3}{4} = \frac{9}{12}$ erweitert mit 3

d) $\frac{5}{6} = \frac{10}{12}$ erweitert mit 2

23

		wahr	falsch
a)	3 Neuntel und 1 Drittel haben denselben Wert.	☒	☐
b)	Wenn man 2 Fünftel mit 2 erweitert, erhält man 4 Fünftel.	☐	☒
c)	3 Viertel kann man nicht kürzen.	☒	☐
d)	5 Sechstel kann man nicht erweitern.	☐	☒
e)	Wenn man 2 Brüche mit derselben Zahl kürzen kann, haben sie sicher den gleichen Wert.	☐	☒

24 a) $\frac{2}{3} = \frac{6}{9}$ erweitert mit 3

b) $\frac{9}{12} = \frac{3}{4}$ gekürzt mit 3

c) $\frac{6}{8} = \frac{12}{16}$ erweitert mit 2

d) $\frac{3}{5} = \frac{15}{25}$ erweitert mit 5

25

Beutel	Rote Steine	Blaue Steine	Gesamtzahl	Gewinnchance
1	8	4	12	$\frac{8}{12} = \frac{2}{3}$
2	5	5	10	$\frac{5}{10} = \frac{1}{2}$
3	3	1	4	$\frac{3}{4}$
4	1	1	2	$\frac{1}{2}$
5	2	1	3	$\frac{2}{3}$
6	12	4	16	$\frac{12}{16} = \frac{3}{4}$
7	4	2	6	$\frac{4}{6} = \frac{2}{3}$
8	3	3	6	$\frac{3}{6} = \frac{1}{2}$
9	6	2	8	$\frac{6}{8} = \frac{3}{4}$
10	6	3	9	$\frac{6}{9} = \frac{2}{3}$

Die Gewinnchance ist bei den Beuteln 1, 5, 7 und 10, bei den Beuteln 2, 4 und 8 sowie bei den Beuteln 3, 6 und 9 gleich groß.

26 a) 4

b) 9

c) 20

d) 24 $8 \cdot 3 = 24$ und $6 \cdot 4 = 24$

27

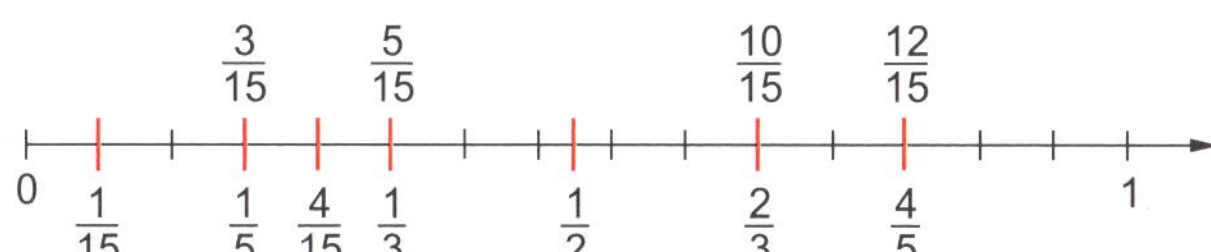

Erweitere die Brüche (wenn möglich) auf den Nenner 15.

28 a) $\frac{4}{8} < \frac{5}{8}$

b) $\frac{3}{7} > \frac{2}{7}$

c) $\frac{3}{5} > \frac{4}{9}$ $\qquad \frac{27}{45} > \frac{20}{45}$

d) $\frac{4}{5} < \frac{7}{8}$ $\qquad \frac{32}{40} < \frac{35}{40}$

29 a) $\frac{6}{12} < \frac{8}{12} < \frac{9}{12}$

$\frac{1}{2} < \frac{2}{3} < \frac{3}{4}$

Der **Hauptnenner** ist 12.

$\frac{2}{3} = \frac{8}{12}$; $\frac{1}{2} = \frac{6}{12}$; $\frac{3}{4} = \frac{9}{12}$

b) $\frac{27}{36} < \frac{28}{36} < \frac{30}{36}$

$\frac{3}{4} < \frac{7}{9} < \frac{5}{6}$

Der **Hauptnenner** ist 36.

$\frac{5}{6} = \frac{30}{36}$; $\frac{7}{9} = \frac{28}{36}$; $\frac{3}{4} = \frac{27}{36}$

c) $\frac{48}{20} < \frac{50}{20} < \frac{52}{20}$

$\frac{12}{5} < \frac{10}{4} < 2\frac{3}{5}$

Der **Hauptnenner** ist 20.

$\frac{12}{5} = \frac{48}{20}$; $2\frac{3}{5} = \frac{13}{5} = \frac{52}{20}$; $\frac{10}{4} = \frac{50}{20}$

d) $\frac{50}{12} < \frac{54}{12} < \frac{56}{12}$

$\frac{25}{6} < \frac{18}{4} < 4\frac{2}{3}$

Der **Hauptnenner** ist 12.

$4\frac{2}{3} = \frac{14}{3} = \frac{56}{12}$; $\frac{25}{6} = \frac{50}{12}$; $\frac{18}{4} = \frac{54}{12}$

30 a) $\frac{5}{7} > \frac{5}{8}$ $\qquad$ b) $\frac{4}{5} > \frac{4}{6}$

Die Zähler sind hier jeweils gleich, also vergleicht man gleich viele, aber unterschiedlich große Teile (vom gleichen Ganzen). Der Bruch mit dem kleineren Nenner (also den größeren Teilen) ist größer.

31 Mögliche Lösungen:

a) $\frac{3}{4} > \frac{5}{8} > \frac{1}{2}$ — **Erweitere** auf den Nenner 8: $\frac{6}{8} > \frac{5}{8} > \frac{4}{8}$

b) $\frac{2}{3} < \frac{29}{42} < \frac{5}{7}$ — **Erweitere** auf den Nenner 42: $\frac{28}{42} < \frac{29}{42} < \frac{30}{42}$

32 Jonas trifft bei 7 von 12 Würfen, also bei $\frac{7}{12} = \frac{35}{60}$ aller Würfe.

Nina trifft bei 9 von 15 Würfen, also bei $\frac{9}{15} = \frac{36}{60}$ aller Würfe.

Marvin trifft bei 3 von 5 Würfen, also bei $\frac{3}{5} = \frac{36}{60}$ aller Würfe.

Jonas ist etwas schlechter als Nina und Marvin. Nina und Marvin sind gleich gut.

33 **Glücksrad A:**

Gewinnchance bei Weiß: $\frac{3}{12}$

Gewinnchance bei Grau: $\frac{4}{12}$

Gewinnchance bei Rot: $\frac{5}{12}$

Ich setze auf Rot.

Glücksrad B:

Gewinnchance bei Weiß: $\frac{5}{15}$

Gewinnchance bei Grau: $\frac{5}{15}$

Gewinnchance bei Rot: $\frac{5}{15}$

Die Gewinnchancen sind bei allen Farben gleich. Es ist also egal, auf welche Farbe ich setze.

34

	Z	E	,	z	h	t	Dezimalbruch
a)		7	,	5			**7,5**
b)	5	0	,	4			**50,4**
c)	**3**	**5**	**,**	**5**	**6**		35,56
d)		0	,	0	0	4	**0,004**
e)		**0**	**,**	**0**	**7**		0,07
f)		**1**	**,**	**0**	**0**	**8**	1,008

35

	Z	E	,	z	h	t	Bruch
a)		0	,	5			$\frac{5}{10}$
b)		0	,	7	5		$\frac{75}{100}$
c)		0	,	9	8	2	$\frac{982}{1000}$
d)		0	,	0	5		$\frac{5}{100}$
e)		3	,	4	5		$\frac{345}{100} = 3\frac{45}{100}$
f)		4	,	0	0	3	$\frac{4003}{1000} = 4\frac{3}{1000}$

36

a) 2,4 $2\frac{4}{10} = \frac{24}{10}$

b) 0,12 $\frac{12}{100}$

c) 12,01 $12\frac{1}{100} = \frac{1201}{100}$

d) 0,709 $\frac{709}{1000}$

37

a) 0,3

b) 0,42

c) 3,23

d) 0,055

38

a) **A:** 0,2 **B:** 0,35 **C:** 0,5 **D:** 0,95 Der Abstand zwischen 2 Strichen beträgt 0,1.

b) **A:** 3,25 **B:** 3,5 **C:** 3,75 **D:** 4,5 Der Abstand zwischen 2 Strichen beträgt 0,5.

39 a)

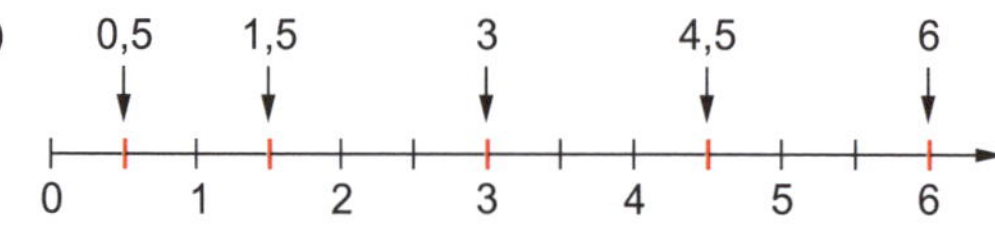

Der Abstand zwischen 2 Strichen beträgt 0,5.

b)

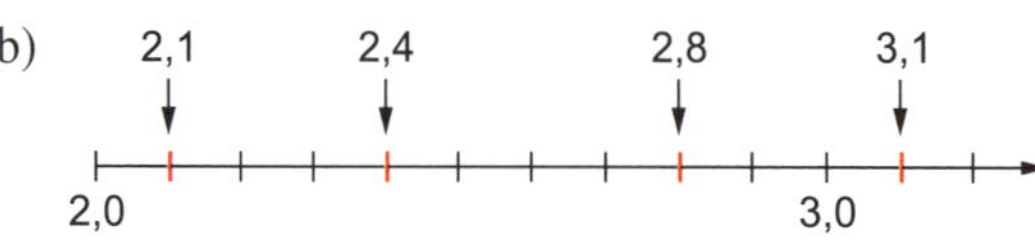

Der Abstand zwischen 2 Strichen beträgt 0,1.

c)

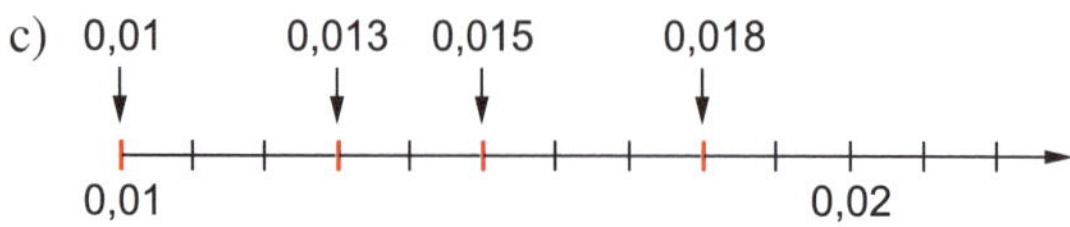

Der Abstand zwischen 2 Strichen beträgt 0,001.

d)

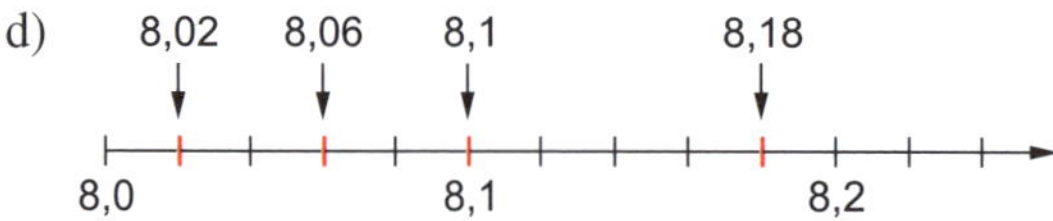

Der Abstand zwischen 2 Strichen beträgt 0,02.

40 a) $2{,}4 < 4{,}2$

b) $5{,}51 > 5{,}49$

c) $1{,}09 < 1{,}10$

d) $3{,}809 > 3{,}099$

41 1. Platz – Sandro, 7,59 m
2. Platz – Alan, 7,56 m
3. Platz – Maxi, 7,24 m
4. Platz – Leander, 7,20 m
5. Platz – Adrian, 7,02 m
6. Platz – Carlo, 6,99 m

42 $0{,}99 < 0{,}999 < 1{,}0 < 1{,}009 < 1{,}01 < 1{,}09 < 1{,}10 < 1{,}11$

Hänge zum Vergleichen Nullen an: $0{,}99 = 0{,}990$

43 Mögliche Lösungen:

a) $3{,}05 < \mathbf{3{,}07} < \mathbf{3{,}09} < 3{,}1$

b) $2{,}1 < \mathbf{2{,}11} < \mathbf{2{,}19} < 2{,}2$

c) $0{,}01 < \mathbf{0{,}014} < \mathbf{0{,}015} < 0{,}02$

d) $5{,}09 < \mathbf{5{,}092} < \mathbf{5{,}097} < 5{,}1$

44

	a)	b)	c)	d)	e)	f)
gekürzter Bruch	$\frac{1}{2}$	$\frac{37}{50}$	$\frac{3}{20}$	$\frac{7}{200}$	$\frac{6}{25}$	$\frac{5}{4}$
erweiterter Bruch	$\frac{5}{10}$	$\frac{74}{100}$	$\frac{15}{100}$	$\frac{35}{1\,000}$	$\frac{24}{100}$	$\frac{125}{100}$
Dezimalbruch	0,5	0,74	0,15	0,035	0,24	1,25

45 a) $0{,}45 = \frac{45}{100} = \frac{9}{20}$

b) $4{,}5 = \frac{45}{10} = \frac{9}{2} = 4\frac{1}{2}$

c) $0{,}024 = \frac{24}{1\,000} = \frac{3}{125}$

d) $0{,}06 = \frac{6}{100} = \frac{3}{50}$

46

47 a) $\frac{85}{1\,000} = 0{,}085$

b) $\frac{3}{5} = \frac{6}{10} = 0{,}6$

c) $\frac{7}{20} = \frac{35}{100} = 0{,}35$

d) $\frac{14}{25} = \frac{56}{100} = 0{,}56$

48 $0{,}50 = \frac{50}{100} = \frac{5}{10} = 0{,}5 \rightarrow 0{,}50 = 0{,}5$

Paula hat recht.

49 a)

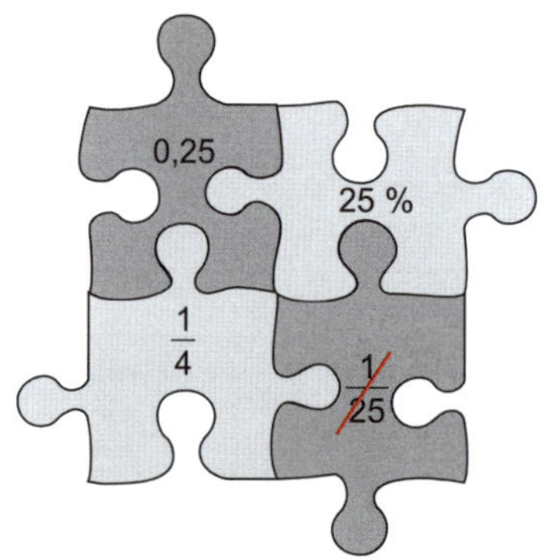

$\frac{1}{25} = 0{,}04$

b)

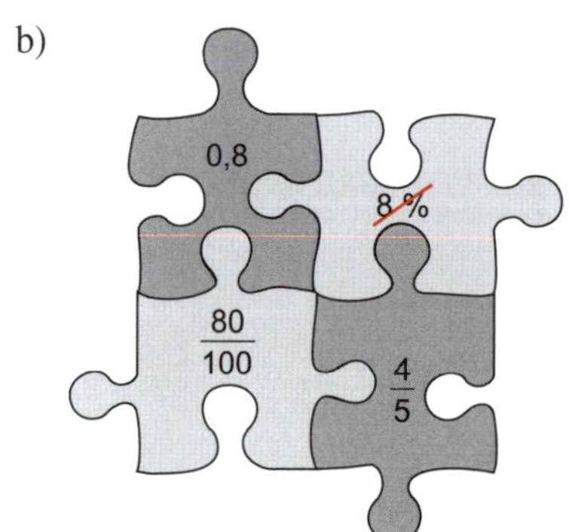

$8\ \% = \frac{8}{100} = 0{,}08$

50 a)

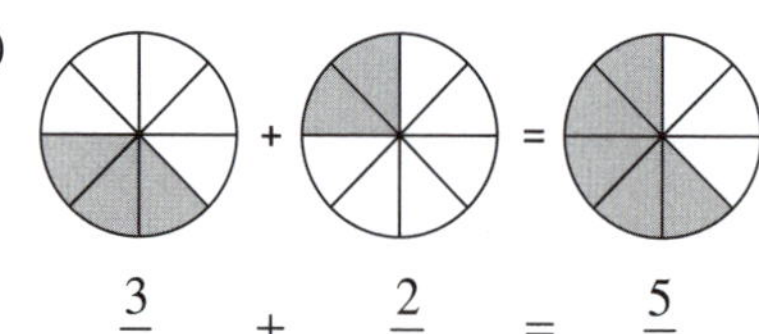

$\frac{3}{8} + \frac{2}{8} = \frac{5}{8}$

b) 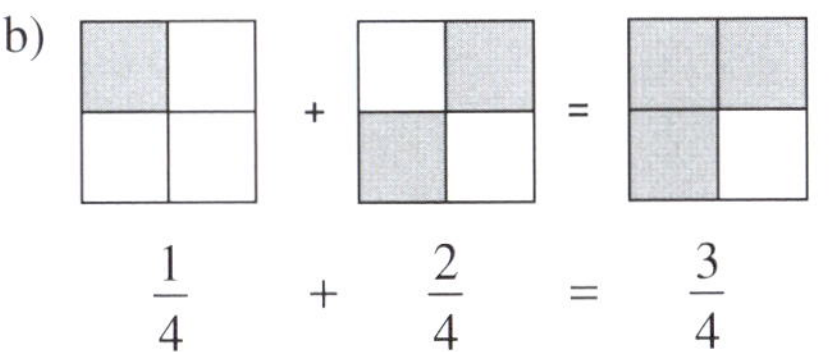

$$\frac{1}{4} + \frac{2}{4} = \frac{3}{4}$$

51 a) $\frac{5}{12}+\frac{1}{12}=\frac{6}{12}=\frac{1}{2}$

b) $\frac{2}{7}+\frac{4}{7}=\frac{6}{7}$

c) $\frac{7}{15}-\frac{4}{15}=\frac{3}{15}=\frac{1}{5}$

d) $\frac{19}{20}-\frac{11}{20}=\frac{8}{20}=\frac{2}{5}$

52

$\frac{3}{5}$ $\frac{5}{9}$ $\frac{4}{5}$ $\frac{2}{9}$ $\frac{1}{5}$ $\frac{4}{9}$ $\frac{2}{5}$ $\frac{7}{9}$

53 a) $5-\frac{2}{3}=4\frac{1}{3}$

b) $6-\frac{7}{8}=5\frac{1}{8}$

c) $7+\frac{2}{7}=7\frac{2}{7}$

d) $\frac{13}{5}-1=\frac{8}{5}$

Denke dir 1 als $\frac{5}{5}$.

54 a) Summe: $\frac{7}{9}+\frac{2}{3}=\frac{7}{9}+\frac{6}{9}=\frac{13}{9}=1\frac{4}{9}$

Differenz: $\frac{7}{9}-\frac{2}{3}=\frac{7}{9}-\frac{6}{9}=\frac{1}{9}$

b) Summe: $\frac{5}{6}+\frac{3}{4}=\frac{10}{12}+\frac{9}{12}=\frac{19}{12}=1\frac{7}{12}$

Differenz: $\frac{5}{6}-\frac{3}{4}=\frac{10}{12}-\frac{9}{12}=\frac{1}{12}$

c) Summe: $\frac{5}{8}+\frac{1}{6}=\frac{15}{24}+\frac{4}{24}=\frac{19}{24}$

Differenz: $\frac{5}{8}-\frac{1}{6}=\frac{15}{24}-\frac{4}{24}=\frac{11}{24}$

d) Summe: $\frac{9}{10}+\frac{4}{5}=\frac{9}{10}+\frac{8}{10}=\frac{17}{10}=1\frac{7}{10}$

Differenz: $\frac{9}{10}-\frac{4}{5}=\frac{9}{10}-\frac{8}{10}=\frac{1}{10}$

55 **I:** $\frac{7}{8}-\frac{3}{4}+\frac{1}{2}=\frac{7}{8}-\frac{6}{8}+\frac{4}{8}=\frac{5}{8}$

E: $\frac{2}{3}+\frac{5}{6}-\frac{1}{2}=\frac{4}{6}+\frac{5}{6}-\frac{3}{6}=\frac{6}{6}=1$

L: $\frac{5}{8}-\frac{1}{4}+\frac{2}{3}=\frac{15}{24}-\frac{6}{24}+\frac{16}{24}=\frac{25}{24}=1\frac{1}{24}$

G: $\frac{3}{4}+\frac{5}{6}-\frac{2}{3}=\frac{9}{12}+\frac{10}{12}-\frac{8}{12}=\frac{11}{12}$

Lösungswort: **I G E L**

$\frac{5}{8}<\frac{11}{12}<1<1\frac{1}{24}$

56 a) $\frac{1}{6}+\frac{5}{6}=\frac{6}{6}=1$

b) $\frac{9}{10}-\frac{3}{10}=\frac{6}{10}=\frac{3}{5}$

c) $\frac{2}{3}+\frac{5}{6}=\frac{4}{6}+\frac{5}{6}=\frac{9}{6}=\frac{3}{2}=1\frac{1}{2}$

d) $\frac{7}{9}-\frac{2}{5}=\frac{35}{45}-\frac{18}{45}=\frac{17}{45}$

57 a) Chiara hat Zähler + Zähler und Nenner + Nenner gerechnet. Richtig wäre aber, die beiden Brüche erst auf den gleichen Nenner zu erweitern und dann die Zähler zu addieren.

$$\frac{3}{4}+\frac{1}{3}=\frac{9}{12}+\frac{4}{12}=\frac{13}{12}=1\frac{1}{12}$$

b) Chiara hat Nenner · Nenner und Zähler + Zähler gerechnet. Richtig wäre aber, die beiden Brüche erst auf den gleichen Nenner zu erweitern und dann die Zähler zu addieren.

$$\frac{1}{3}+\frac{3}{8}=\frac{8}{24}+\frac{9}{24}=\frac{17}{24}$$

c) Chiara hat aus 7 Ganzen $\frac{7}{8}$ gemacht. 7 Ganze sind aber $\frac{56}{8}$.

$$7-\frac{3}{8}=\frac{56}{8}-\frac{3}{8}=\frac{53}{8}=6\frac{5}{8}$$

d) Chiara hat die Brüche auf den gleichen Zähler gebracht und dann die Nenner addiert. Richtig wäre aber, die beiden Brüche erst auf den gleichen Nenner zu erweitern und dann die Zähler zu addieren.

$$\frac{1}{2}+\frac{3}{4}=\frac{2}{4}+\frac{3}{4}=\frac{5}{4}=1\frac{1}{4}$$

58 a)

+	$\frac{1}{8}$	$\frac{1}{4}$	$\frac{7}{24}$
$\frac{3}{8}$	$\frac{4}{8}=\frac{1}{2}$	$\frac{5}{8}$	$\frac{16}{24}=\frac{2}{3}$
$\frac{1}{6}$	$\frac{7}{24}$	$\frac{5}{12}$	$\frac{11}{24}$
$\frac{5}{12}$	$\frac{13}{24}$	$\frac{8}{12}=\frac{2}{3}$	$\frac{17}{24}$

b)

−	$\frac{8}{9}$	$\frac{2}{3}$	3
$\frac{2}{9}$	$\frac{6}{9}=\frac{2}{3}$	$\frac{4}{9}$	$2\frac{7}{9}$
$\frac{7}{18}$	$\frac{9}{18}=\frac{1}{2}$	$\frac{5}{18}$	$2\frac{11}{18}$
$\frac{2}{5}$	$\frac{22}{45}$	$\frac{4}{15}$	$2\frac{3}{5}$

59 a) $\frac{1}{4}+\frac{3}{8}=\frac{7}{8}-\frac{1}{4}$, weil $\frac{2}{8}+\frac{3}{8}=\frac{5}{8}$ und $\frac{7}{8}-\frac{2}{8}=\frac{5}{8}$

b) $\frac{5}{9}+\frac{1}{6}>\frac{7}{9}-\frac{1}{6}$, weil $\frac{10}{18}+\frac{3}{18}=\frac{13}{18}$ und $\frac{14}{18}-\frac{3}{18}=\frac{11}{18}$

c) $\frac{3}{4}-\frac{1}{2}=\frac{7}{12}-\frac{1}{3}$, weil $\frac{9}{12}-\frac{6}{12}=\frac{3}{12}$ und $\frac{7}{12}-\frac{4}{12}=\frac{3}{12}$

d) $\frac{4}{5}-\frac{2}{3}<\frac{1}{3}-\frac{1}{9}$, weil $\frac{36}{45}-\frac{30}{45}=\frac{6}{45}$ und $\frac{15}{45}-\frac{5}{45}=\frac{10}{45}$

60 a) $\frac{12}{5}-1\frac{2}{5}=\frac{12}{5}-\frac{7}{5}=\frac{5}{5}=1$

b) $2\frac{3}{4}+\frac{2}{5}=\frac{11}{4}+\frac{2}{5}=\frac{55}{20}+\frac{8}{20}=\frac{63}{20}=3\frac{3}{20}$

c) $\frac{14}{4}-2\frac{1}{2}=\frac{14}{4}-\frac{5}{2}=\frac{14}{4}-\frac{10}{4}=\frac{4}{4}=1$

d) $3\frac{2}{3}+4\frac{1}{6}=\frac{11}{3}+\frac{25}{6}=\frac{22}{6}+\frac{25}{6}=\frac{47}{6}=7\frac{5}{6}$

61 a) **Summer Island:**

$\frac{1}{3}\,\ell+\frac{1}{12}\,\ell+\frac{1}{4}\,\ell=\frac{4}{12}\,\ell+\frac{1}{12}\,\ell+\frac{3}{12}\,\ell=\frac{8}{12}\,\ell=\frac{2}{3}\,\ell$

Green Garden:

$\frac{1}{8}\,\ell+\frac{1}{4}\,\ell+\frac{1}{10}\,\ell=\frac{5}{40}\,\ell+\frac{10}{40}\,\ell+\frac{4}{40}\,\ell=\frac{19}{40}\,\ell$

Yellow Star:

$\frac{1}{5}\,\ell+\frac{1}{8}\,\ell+\frac{1}{10}\,\ell=\frac{8}{40}\,\ell+\frac{5}{40}\,\ell+\frac{4}{40}\,\ell=\frac{17}{40}\,\ell$

b) $\frac{2}{3}\,\ell=\frac{80}{120}\,\ell$; $\frac{19}{40}\,\ell=\frac{57}{120}\,\ell$; $\frac{17}{40}\,\ell=\frac{51}{120}\,\ell$

Beim Summer Island bekommt man am meisten zu trinken.

c) individuelle Lösungen

62 **Marc:** Badminton: $\frac{1}{4}$ der Zeit, Tischtennis: $\frac{1}{3}$ der Zeit

$$1-\left(\frac{1}{4}+\frac{1}{3}\right)=1-\left(\frac{3}{12}+\frac{4}{12}\right)=1-\frac{7}{12}=\frac{5}{12}$$

Insgesamt steht den beiden der **ganze** Vormittag zur Verfügung. Subtrahiere daher von 1.

Nadja: Völkerball: $\frac{1}{6}$ der Zeit, Volleyball: $\frac{3}{5}$ der Zeit

$$1-\left(\frac{1}{6}+\frac{3}{5}\right)=1-\left(\frac{5}{30}+\frac{18}{30}\right)=1-\frac{23}{30}=\frac{7}{30}$$

Marc bleiben $\frac{5}{12}$ und Nadja $\frac{7}{30}$ des Vormittages für eine 3. Sportart.

63 a) Luis behauptet: $\frac{1}{3}+\frac{1}{4}+\frac{1}{8}+\frac{1}{8}+\frac{1}{16}+\frac{1}{16}+\frac{1}{16}=1$

Überprüfung: $\frac{16}{48}+\frac{12}{48}+\frac{6}{48}+\frac{6}{48}+\frac{3}{48}+\frac{3}{48}+\frac{3}{48}=\frac{49}{48}=1\frac{1}{48}$

Luis hat geflunkert, da die Überprüfung seiner Behauptung mit $\frac{49}{48}$ über 1 liegt, also seine Beschäftigungen über einen Tag hinausgehen würden.

b) individuelle Lösungen

Achte darauf, dass die Summe deiner eigenen Angaben genau **ein Ganzes (1)** ergibt.

64 a) 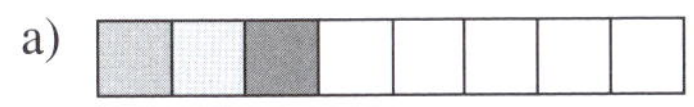

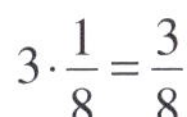

$3\cdot\frac{1}{8}=\frac{3}{8}$

b) 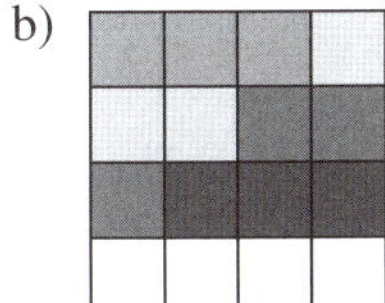

$\frac{3}{16}\cdot 4=\frac{12}{16}=\frac{3}{4}$

65 a) $2\cdot\frac{2}{5}=\frac{2\cdot 2}{5}=\frac{4}{5}$

b) $4\cdot\frac{6}{7}=\frac{4\cdot 6}{7}=\frac{24}{7}=3\frac{3}{7}$

c) $\frac{3}{5}\cdot 3=\frac{3\cdot 3}{5}=\frac{9}{5}=1\frac{4}{5}$

d) $\frac{5}{9}\cdot 9=\frac{5\cdot 9}{9}=\frac{45}{9}=5$

66 a) **Frage:** Wie teuer sind die Süßigkeiten?

$\frac{1}{3} \cdot 15\ € = \frac{15}{3}\ € = 5\ €$

Die Süßigkeiten kosten 5 €.

oder:

Frage: Wie viel Geld hat Tim noch übrig?

$\frac{2}{3} \cdot 15\ € = \frac{30}{3}\ € = 10\ €$

Tim hat noch 10 € übrig.

b) **Frage:** Wie viel Kilogramm Mehl benötigt Jenny für den Kuchen?

$\frac{1}{4} \cdot 2\ \text{kg} = \frac{2}{4}\ \text{kg} = \frac{1}{2}\ \text{kg}$

Jenny benötigt für den Kuchen $\frac{1}{2}$ kg Mehl.

c) **Frage:** Wie lange war Lisa am letzten Tag vor den Ferien in der Schule?

$4 \cdot \frac{3}{4}\ \text{h} = \frac{12}{4}\ \text{h} = 3\ \text{h}$

Lisa war am letzten Schultag insgesamt 3 Stunden in der Schule.

d) **Frage:** Wie viel Milch und wie viel Wasser benötigt Marias Mutter für den Kartoffelbrei für 12 Personen?

Milch: $3 \cdot \frac{1}{2}\ \ell = \frac{3}{2}\ \ell = 1\frac{1}{2}\ \ell$

Man benötigt 3 Packungen Kartoffelbrei, da eine Packung für 4 Personen reicht.

Wasser: $3 \cdot \frac{1}{3}\ \ell = \frac{3}{3}\ \ell = 1\ \ell$

Für 12 Personen benötigt Marias Mutter $1\frac{1}{2}$ Liter Milch und 1 Liter Wasser.

67 a)

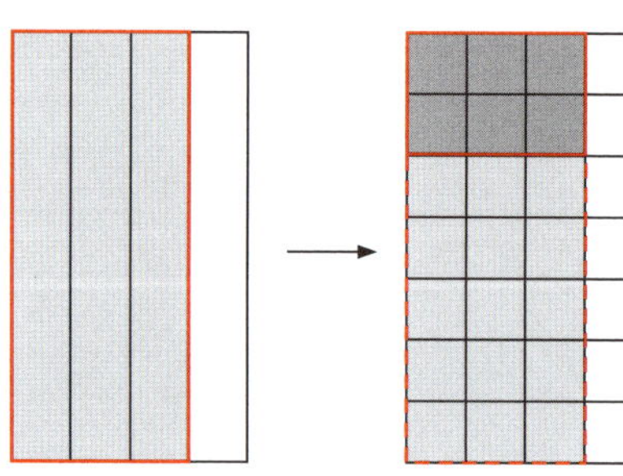

$\frac{3}{4} \cdot \frac{2}{7} = \frac{3 \cdot 2}{4 \cdot 7} = \frac{6}{28} = \frac{3}{14}$

b)  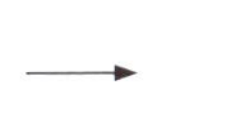

$$\frac{1}{2}\cdot\frac{5}{6}=\frac{1\cdot 5}{2\cdot 6}=\frac{5}{12}$$

c)   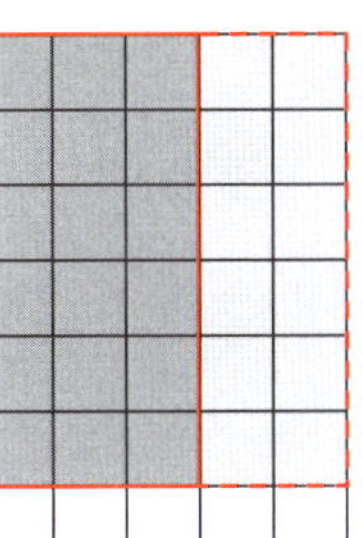

$$\frac{6}{7}\cdot\frac{3}{5}=\frac{6\cdot 3}{7\cdot 5}=\frac{18}{35}$$

d) 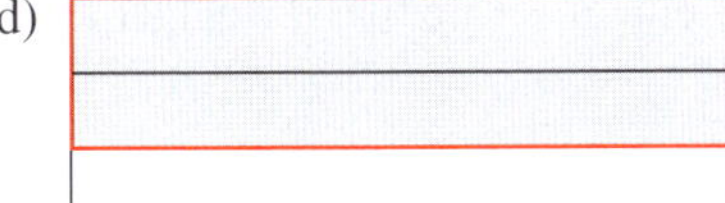 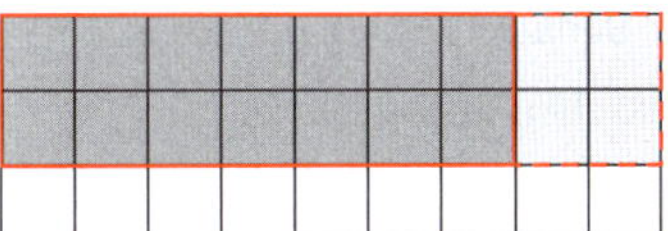

$$\frac{2}{3}\cdot\frac{7}{9}=\frac{2\cdot 7}{3\cdot 9}=\frac{14}{27}$$

68 a) $\frac{3}{5}\cdot\frac{\mathbf{1}}{3}=\frac{3}{15}$

b) $\frac{2}{\mathbf{5}}\cdot\frac{2}{3}=\frac{4}{15}$

c) $\frac{1}{3}\cdot\frac{\mathbf{4}}{\mathbf{3}}=\frac{4}{9}$

d) $\frac{\mathbf{3}}{\mathbf{4}}\cdot\frac{3}{4}=\frac{9}{16}$

69 a) $3\frac{4}{5}\cdot 2\frac{1}{3}=\frac{19}{5}\cdot\frac{7}{3}=\frac{19\cdot 7}{5\cdot 3}=\frac{133}{15}=8\frac{13}{15}$

b) $8\frac{1}{4}\cdot 3\frac{2}{3}=\frac{33}{4}\cdot\frac{11}{3}=\frac{33\cdot 11}{4\cdot 3}=\frac{363}{12}=30\frac{3}{12}=30\frac{1}{4}$

		wahr	falsch	
70	a) Die Hälfte von 4 Fünfteln sind 2 Fünftel.	☒	☐	$\frac{4}{5}\cdot\frac{1}{2}=\frac{4}{10}=\frac{2}{5}$
	b) 1 Drittel von 2 Dritteln ist 1 Drittel.	☐	☒	$\frac{1}{3}\cdot\frac{2}{3}=\frac{2}{9}$
	c) 2 Fünftel von 4 Siebteln sind 8 Siebtel.	☐	☒	$\frac{2}{5}\cdot\frac{4}{7}=\frac{8}{35}$
	d) 5 Sechstel von 3 Vierteln sind 5 Achtel.	☒	☐	$\frac{5}{6}\cdot\frac{3}{4}=\frac{15}{24}=\frac{5}{8}$
	e) 3 Viertel von 1 Halben sind 1 Viertel.	☐	☒	$\frac{3}{4}\cdot\frac{1}{2}=\frac{3}{8}$

71 $15\cdot\frac{3}{4}=\frac{45}{4}=11\frac{1}{4}$

$8\cdot 1\frac{1}{2}=8\cdot\frac{3}{2}=\frac{24}{2}=12$

Steffis Behauptung ist falsch. In 15 Flaschen zu einem $\frac{3}{4}$ Liter passt weniger als in 8 Flaschen zu $1\frac{1}{2}$ Litern.

72 Mögliche Lösungen:

a) $\frac{1}{2}\cdot\frac{3}{2}=\frac{3}{4}$ und $\frac{1}{4}\cdot 3=\frac{3}{4}$

b) $2\cdot\frac{2}{9}=\frac{4}{9}$ und $\frac{2}{3}\cdot\frac{2}{3}=\frac{4}{9}$

c) $\frac{1}{2}\cdot\frac{5}{3}=\frac{5}{6}$ und $5\cdot\frac{1}{6}=\frac{5}{6}$

d) $\frac{3}{4}\cdot\frac{1}{2}=\frac{3}{8}$ und $\frac{1}{8}\cdot 3=\frac{3}{8}$

73 $\frac{1}{2}<\frac{3}{5}<\frac{3}{4}<\frac{5}{6}$ — Sortiere die Brüche zuerst nach der Größe.

a) $\frac{5}{6}\cdot\frac{3}{4}=\frac{15}{24}=\frac{5}{8}$ — Multipliziere die beiden **größten** Brüche.

b) $\frac{1}{2}\cdot\frac{3}{5}=\frac{3}{10}$ — Multipliziere die beiden **kleinsten** Brüche.

74 ☒ $\frac{4}{\cancel{9}^{3}} \cdot \frac{\cancel{6}^{2}}{7}$ ☐ $\frac{2}{9} \cdot \frac{4}{3}$

☐ $\frac{1}{2} \cdot \frac{1}{4}$ ☒ $\frac{\cancel{5}^{1}}{\cancel{6}^{2}} \cdot \frac{\cancel{3}^{1}}{\cancel{10}^{2}}$

75 a) $\frac{2}{9} \cdot \frac{3}{8} = \frac{\cancel{2}^{1} \cdot \cancel{3}^{1}}{\cancel{9}^{3} \cdot \cancel{8}^{4}} = \frac{1 \cdot 1}{3 \cdot 4} = \frac{1}{12}$

b) $4 \cdot \frac{3}{8} = \frac{\cancel{4}^{1} \cdot 3}{\cancel{8}^{2}} = \frac{1 \cdot 3}{2} = \frac{3}{2} = 1\frac{1}{2}$

c) $\frac{5}{6} \cdot 3 = \frac{5 \cdot \cancel{3}^{1}}{\cancel{6}^{2}} = \frac{5 \cdot 1}{2} = \frac{5}{2} = 2\frac{1}{2}$

d) $\frac{4}{5} \cdot \frac{5}{6} = \frac{\cancel{4}^{2} \cdot \cancel{5}^{1}}{\cancel{5}^{1} \cdot \cancel{6}^{3}} = \frac{2 \cdot 1}{1 \cdot 3} = \frac{2}{3}$

e) $2\frac{2}{3} \cdot 1\frac{1}{8} = \frac{8}{3} \cdot \frac{9}{8} = \frac{\cancel{8}^{1} \cdot \cancel{9}^{3}}{\cancel{3}^{1} \cdot \cancel{8}^{1}} = \frac{1 \cdot 3}{1 \cdot 1} = \frac{3}{1} = 3$

f) $4\frac{1}{6} \cdot 3\frac{2}{3} = \frac{25}{6} \cdot \frac{11}{3} = \frac{25 \cdot 11}{6 \cdot 3} = \frac{275}{18} = 15\frac{5}{18}$

76 a) $\frac{8}{9} \cdot \frac{1}{3} = \frac{8}{27}$

$\frac{8}{27}$ der Kinder haben schon einmal alle 9 Kegel abgeräumt.

b) $\frac{6}{7} \cdot \frac{1}{3} = \frac{\cancel{6}^{2} \cdot 1}{7 \cdot \cancel{3}^{1}} = \frac{2}{7}$

$\frac{2}{7}$ der Kinder haben das Bronze-Abzeichen.

$\frac{6}{7} \cdot \frac{1}{2} = \frac{\cancel{6}^{3} \cdot 1}{7 \cdot \cancel{2}^{1}} = \frac{3}{7}$

$\frac{3}{7}$ der Kinder haben das Silber-Abzeichen.

$$\frac{6}{7}\cdot\frac{1}{6}=\frac{\not{6}^{1}\cdot 1}{7\cdot\not{6}^{1}}=\frac{1}{7}$$

$\frac{1}{7}$ der Kinder hat das Gold-Abzeichen.

c) $\frac{1}{3}\cdot\frac{1}{2}=\frac{1}{6}$

Nur $\frac{1}{6}$ der Kinder kann mit dem Waveboard wirklich fahren.

77 a) $\frac{2}{3}:2=\frac{\not{2}^{1}}{3\cdot\not{2}^{1}}=\frac{1}{3}$

b) $\frac{5}{8}:3=\frac{5}{8\cdot 3}=\frac{5}{24}$

c) $\frac{2}{7}:4=\frac{\not{2}^{1}}{7\cdot\not{4}^{2}}=\frac{1}{14}$

d) $\frac{4}{9}:5=\frac{4}{9\cdot 5}=\frac{4}{45}$

78 a) $\frac{4}{5}:4=\frac{16}{5}$ falsch, richtig wäre $\frac{4}{5}:4=\frac{\not{4}^{1}}{5\cdot\not{4}^{1}}=\frac{1}{5}$

b) $\frac{5}{6}:4=\frac{5}{24}$ richtig

79 a) $\frac{5}{6}:\mathbf{3}=\frac{5}{18}$

b) $\frac{3}{8}:\mathbf{2}=\frac{3}{16}$

c) $\frac{\mathbf{1}}{\mathbf{4}}:4=\frac{1}{16}$

d) $\frac{\mathbf{2}}{\mathbf{5}}:5=\frac{2}{25}$

80 $1\frac{1}{2} : 6 = \frac{3}{2} : 6 = \frac{\cancel{3}^{1}}{2 \cdot \cancel{6}^{2}} = \frac{1}{4}$

In jedem Glas ist dann genau $\frac{1}{4}$ Liter Saft.

81 a) **Lukas:**

$$\left(3\text{ m} + 3\frac{1}{2}\text{ m} + 3\frac{1}{4}\text{ m}\right) : 3 = \left(\frac{12}{4}\text{ m} + \frac{14}{4}\text{ m} + \frac{13}{4}\text{ m}\right) : 3 = \frac{39}{4}\text{ m} : 3$$

$$= \frac{\cancel{39}^{13}}{4 \cdot \cancel{3}^{1}}\text{ m} = \frac{13}{4}\text{ m} = 3\frac{1}{4}\text{ m}$$

Martin:

$$\left(2\frac{3}{4}\text{ m} + 3\text{ m} + 3\frac{3}{4}\text{ m}\right) : 3 = \left(\frac{11}{4}\text{ m} + \frac{12}{4}\text{ m} + \frac{15}{4}\text{ m}\right) : 3 = \frac{38}{4}\text{ m} : 3$$

$$= \frac{\cancel{38}^{19}}{\cancel{4}^{2} \cdot 3}\text{ m} = \frac{19}{6}\text{ m} = 3\frac{1}{6}\text{ m}$$

b) Mögliche Antworten:

- Martin ist der bessere Springer, da er den weitesten Sprung gemacht hat ($3\frac{3}{4}$ m).
- Lukas ist der bessere Springer, weil seine durchschnittliche Sprungweite größer ist ($3\frac{1}{4}\text{ m} > 3\frac{1}{6}\text{ m}$).

82 $1\frac{1}{4}\text{ m} : 8 = \frac{5}{4}\text{ m} : 8 = \frac{5}{4 \cdot 8}\text{ m} = \frac{5}{32}\text{ m}$ — Der 1. Weihnachtsstern hat 8 Seiten.

$1\frac{1}{4}\text{ m} : 10 = \frac{5}{4}\text{ m} : 10 = \frac{\cancel{5}^{1}}{4 \cdot \cancel{10}^{2}}\text{ m} = \frac{1}{8}\text{ m}$ — Der 2. Weihnachtsstern hat 10 Seiten.

$1\frac{1}{4}\text{ m} : 16 = \frac{5}{4}\text{ m} : 16 = \frac{5}{4 \cdot 16}\text{ m} = \frac{5}{64}\text{ m}$ — Der 3. Weihnachtsstern hat 16 Seiten.

83 a) $\frac{4}{5} \cdot \frac{2}{3} + \frac{1}{6} = \frac{8}{15} + \frac{1}{6} = \frac{16}{30} + \frac{5}{30} = \frac{21}{30} = \frac{7}{10}$

b) $\frac{3}{2} - \frac{1}{4} \cdot \frac{3}{4} = \frac{3}{2} - \frac{3}{16} = \frac{24}{16} - \frac{3}{16} = \frac{21}{16} = 1\frac{5}{16}$

c) $\frac{4}{5} : 4 + \frac{2}{3} \cdot \frac{2}{5} = \frac{4}{5 \cdot 4} + \frac{4}{15} = \frac{4}{20} + \frac{4}{15} = \frac{1}{5} + \frac{4}{15} = \frac{3}{15} + \frac{4}{15} = \frac{7}{15}$

d) $\frac{9}{\cancel{10}^{2}} \cdot \frac{\cancel{5}^{1}}{3} - \frac{1}{2} \cdot \frac{5}{6} = \frac{9}{6} - \frac{5}{12} = \frac{18}{12} - \frac{5}{12} = \frac{13}{12} = 1\frac{1}{12}$

84 individuelle Lösungen

85

	Ausgangswerte	auf Einer	auf Zehntel	auf Hundertstel
a)	12,360	12	12,4	12,36
b)	5,507	6	5,5	5,51
c)	8,146	8	8,1	8,15
d)	0,008	0	0	0,01
e)	12,798	13	12,8	12,80
f)	0,455	0	0,5	0,46
g)	0,999	1	1,0	1,00

86

		richtig	falsch	
a)	$345{,}5 \approx 345$	☐	☒	richtig: $345{,}5 \approx 346$
b)	$2{,}098 \approx 2{,}1$	☒	☐	
c)	$0{,}567 \approx 0{,}57$	☒	☐	
d)	$1{,}505 \approx 1{,}6$	☐	☒	richtig: $1{,}505 \approx 1{,}51$ oder: $1{,}505 \approx 1{,}5$
e)	$1{,}899 \approx 1{,}9$	☒	☐	
f)	$0{,}005 \approx 0{,}1$	☐	☒	richtig: $0{,}005 \approx 0{,}01$

87 a) Bei 9,3 s könnten es z. B. 9,25 s, 9,28 s, 9,29 s, 9,31 s, 9,32 s oder 9,34 s gewesen sein.

b) Bei 31,5 m könnten es z. B. 31,45 m, 31,46 m, 31,47 m, 31,51 m, 31,53 m oder 31,54 m gewesen sein.

88 a) 56,452 € ≈ 56,45 €
60,001 € ≈ 60,00 €
32,895 € ≈ 32,90 €
15,15 €

Bei der **Einheit €** muss man auf **Hundertstel** runden. Tausendstelbeträge kann man nicht bezahlen.

b) Mögliche Lösungen:
565,3 kg ≈ 565 kg
753,8 kg ≈ 754 kg
1 234 kg
2 454,54 kg ≈ 2 455 kg

Hier ist es sinnvoll, auf **ganze Kilogramm** zu runden.

89 a) Der weiteste Weg ist Weg B (2 811,9 m), der kürzeste Weg ist Weg D (2 484,98 m).

b) **A:** 2 525,25 m ≈ 2 530 m
B: 2 811,9 m ≈ 2 810 m
C: 2 720 m
D: 2 484,98 m ≈ 2 480 m

Hier ist es sinnvoll, **auf 10 m** genau zu runden.

c) **A:** 2,52525 km
B: 2,8119 km
C: 2,72 km
D: 2,48498 km

d) **A:** 2,52525 km ≈ 2,53 km
B: 2,8119 km ≈ 2,81 km
C: 2,72 km
D: 2,48498 km ≈ 2,48 km

e) **A:** 2,52525 km ≈ 2,5 km
B: 2,8119 km ≈ 2,8 km
C: 2,72 km ≈ 2,7 km
D: 2,48498 km ≈ 2,5 km

90 a) 7,3 + 0,5 = 7,8

b) 15,6 + 1,2 = 16,8

c) 6 + 0,8 = 6,8

d) 12,98 − 0,04 = 12,94

e) 8 − 0,9 = 7,1

f) 23,42 − 3,4 = 20,02

91 a)

$$\begin{array}{r} 2{,}95 \\ 0{,}49 \\ +\ 6{,}32 \\ {\scriptstyle 1\,1} \\ \hline 9{,}76 \end{array}$$

b)
```
   12,409
   19,088
+   3,861
   11 11
---------
   35,358
```

c)
```
  13,96
-  4,27
-------
   9,69
```

d)
```
  58,011
- 30,699
--------
  27,312
```

92 a)
```
  45,07
+ 33,76
      1
-------
  78,83
```
```
  45,07
- 33,76
-------
  11,31
```

b)
```
  0,054
+ 0,030
-------
  0,084
```
```
  0,054
- 0,030
-------
  0,024
```

c)
```
  8,050
+ 0,045
-------
  8,095
```
```
  8,050
- 0,045
-------
  8,005
```

d)
```
  876,70
+  32,78
   1 1
--------
  909,48
```
```
  876,70
-  32,78
--------
  843,92
```

93

a)	0,02	0,05	0,08	**0,11**	**0,14**	Es wird jeweils **0,03** addiert.
b)	1,95	2,1	2,25	**2,4**	**2,55**	Es wird jeweils **0,15** addiert.
c)	10,01	11,02	12,03	**13,04**	**14,05**	Es wird jeweils **1,01** addiert.
d)	3,33	3,25	3,17	**3,09**	**3,01**	Es wird jeweils **0,08** subtrahiert.
e)	1,15	0,9	0,65	**0,4**	**0,15**	Es wird jeweils **0,25** subtrahiert.

94

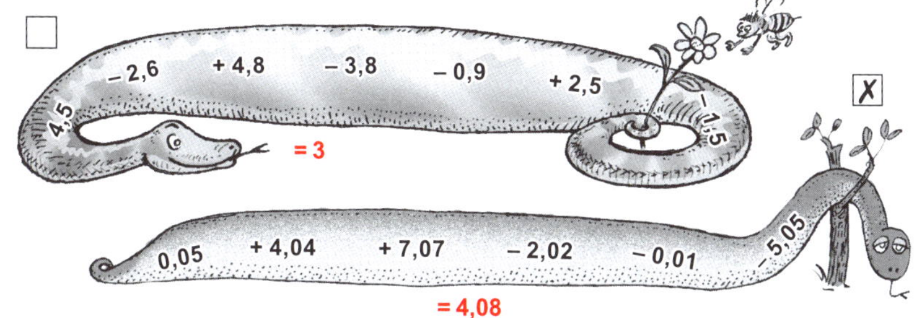

95

a) 4 300 g + 2,5 kg = 4,3 kg + 2,5 kg = 6,8 kg — 1 000 g = 1 kg

b) 99,8 m + 44 dm = 99,8 m + 4,4 m = 104,2 m — 10 dm = 1 m

c) 65,23 € – 774 ct = 65,23 € – 7,74 € = 57,49 € — 100 ct = 1 €

d) 0,92 km – 222 m = 0,92 km – 0,222 km = 0,698 km — 1 000 m = 1 km

96

a)

2,5	1,9	**5,6**
4,7	**2,8**	2,5
2,8	**5,3**	1,9

b)

3,6	1,6	**4,8**
0,7	**5,7**	3,6
5,7	2,7	**1,6**

97

a)

b)

98

$$\begin{array}{r} 7{,}89\text{ s} \\ 8{,}45\text{ s} \\ 8{,}40\text{ s} \\ 9{,}01\text{ s} \\ {}_{1\ \ 1}\phantom{0\text{ s}} \\ \hline 33{,}75\text{ s} \end{array}$$

Die Staffel kann mit einer Zeit von 33,75 Sekunden rechnen.

99 7 800 m = 7,8 km ≈ 8 km
9 200 m = 9,2 km ≈ 9 km
12,4 km ≈ 12 km

Überschlag:

8 km + 9 km + 12 km + 15 km = 44 km

Rechnung:

$$\begin{array}{r} 7{,}8\text{ km} \\ 9{,}2\text{ km} \\ 12{,}4\text{ km} \\ 15{,}0\text{ km} \\ {}_{2\,1}\phantom{,0\text{ km}} \\ \hline 44{,}4\text{ km} \end{array}$$

Samuel hat sein Ziel nicht erreicht. Es fehlen 5,6 km.

100

$$\begin{array}{r} 2{,}50\text{ kg} \\ 1{,}20\text{ kg} \\ 0{,}50\text{ kg} \\ 0{,}75\text{ kg} \\ {}_{1}\phantom{,00\text{ kg}} \\ \hline 4{,}95\text{ kg} \end{array}$$

500 g = 0,5 kg
750 g = 0,75 kg

Jana muss 4,95 kg Obst und Gemüse nach Hause tragen.

101 a) $2{,}05 \cdot 10 = 20{,}5$
b) $0{,}45 \cdot 10 = 4{,}5$
c) $12{,}004 \cdot 100 = 1\,200{,}4$
d) $365{,}5 \cdot 10 = 3\,655$
e) $0{,}03 \cdot 100 = 3$
f) $34{,}5 \cdot 100 = 3\,450$

102 a) $0{,}5 \cdot \mathbf{10} = 5$
b) $2{,}38 \cdot \mathbf{100} = 238$
c) $\mathbf{5{,}245} \cdot 10 = 52{,}45$
d) $0{,}1 \cdot \mathbf{7{,}94} = 0{,}794$
e) $\mathbf{0{,}1} \cdot 6{,}98 = 0{,}698$
f) $\mathbf{0{,}001} \cdot 2\,387{,}5 = 2{,}3875$

103 a) $4{,}5 \cdot 7 = 31{,}5$
b) $0{,}8 \cdot 56 = 44{,}8$
c) $0{,}5 \cdot 23{,}4 = 11{,}70$
d) $76{,}45 \cdot 56{,}5 = 4\,319{,}425$
e) $267 \cdot 5{,}88 = 1\,569{,}96$
f) $87{,}04 \cdot 23{,}7 = 2\,062{,}848$

104 a)
$$\begin{array}{r} \underline{1{,}9 \cdot 5} \\ 9{,}5 \end{array}$$

b)
$$\begin{array}{r} \underline{8{,}3 \cdot 4{,}1} \\ 33\,2 \\ \underline{{}_1\ 8\,3} \\ 34{,}0\,3 \end{array}$$

c)
$$\begin{array}{r} \underline{3{,}2 \cdot 7{,}2} \\ 22\,4 \\ \underline{{}_1\ 6\,4} \\ 23{,}0\,4 \end{array}$$

d) $3{,}85 \cdot 6{,}7$

```
3,85 · 6,7
 2310
  2695
 25,795
```

e) $0{,}35 \cdot 1{,}9$

```
0,35 · 1,9
    35
   315
 0,665
```

Hier musst du vor dem Komma eine **0 ergänzen**.

f) $5{,}68 \cdot 0{,}15$

```
5,68 · 0,15
      568
     2840
      1 1
   0,8520
```

105 a) $5{,}85 \cdot 1{,}45$

```
5,85 · 1,45
    585
    2340
     2925
    11
  8,4825
```

Walter muss 8,48 € bezahlen.

Runde Geldbeträge auf 2 Dezimalstellen.

b) **Wandt**

```
5,85 · 2,5
 1170
  2925
  1
 14,625
```

Ölkers

```
5,49 · 2,5
 1098
  2745
  1 1
 13,725
```

14,63 € – 13,73 € = 0,90 €

Familie Sander spart 0,90 € (90 Cent), wenn sie bei Ölkers und nicht bei Wandt einkauft.

c) individuelle Lösungen

106 $8{,}25 \cdot 12$

```
8,25 · 12
―――――――――
  8 2 5
  1 6 50
     1
―――――――――
  99,00
```

Das Regal ist 99 cm breit.

107 **Frage:** Wie viel Geld bekommt Conny zurück, wenn sie mit einem 20-€-Schein bezahlt?

Apfelsaft: 3 · 1,85 € = 5,55 €
Buttermilch: 5 · 0,99 € = 4,95 €
Käse: 2 · 1,98 € = 3,96 €
Eis: 3 · 1,50 € = 4,50 €
Gesamtpreis: 5,55 € + 4,95 € + 3,96 € + 4,50 € = 18,96 €

20 € – 18,96 € = 1,04 €

Conny bekommt 1,04 € zurück, wenn sie mit einem 20-€-Schein bezahlt.

108 a) **Freilandhaltung 10er-Packung:**
3,49 € : 10 = 0,349 € ≈ 0,35 €

Freilandhaltung 6er-Packung:
2,04 € : 6 = 0,34 €

```
2,04 € : 6 = 0,34 €
0
―
20
18
――
 24
 24
 ――
  0
```

Ein Ei aus der 10er-Packung ist etwa 0,01 € (1 Cent) teurer als ein Ei aus der 6er-Packung.

b) **Bio-Ei 10er-Packung:**
4,39 € : 10 = 0,439 € ≈ 0,44 €

Freilandhaltung 10er-Packung: 0,35 €

Das Bio-Ei aus der 10er-Packung ist 0,09 € (9 Cent) teurer als das Freiland-Ei.

Bio-Ei 6er-Packung: 0,43 €

Freilandhaltung 6er-Packung: 0,34 €

Das Bio-Ei aus der 6er-Packung ist 0,09 € (9 Cent) teurer als das Freiland-Ei.

109

12,5 : 10	0,125 · 100	12,5 · 10	1,25 · 100
1,25 : 10	0,0125 · 100	12,5 : 100	1 250 : 10
125 : 10	0,0125 · 10	1,25 · 10	1 250 : 1 000

110

a) 500,5 : 5 = 100,1 — Überschlag: 500 : 5 = 100

b) 86,4 : 8 = 10,8 — Überschlag: 80 : 8 = 10

c) 696,6 : 6 = 116,1 — Überschlag: 660 : 6 = 110

d) 35,35 : 7 = 5,05 — Überschlag: 35 : 7 = 5

111

a) 10,8 : 9 = 1,2
9
18
18
0

b) 67,2 : 12 = 5,6
60
72
72
0

c) 73,05 : 15 = 4,87
60
130
120
105
105
0

d) 3,85 : 7 = 0,55
0
38
35
35
35
0

e) $4,32 : 12 = 0,36$
0
43
36
72
72
0

f) $177,10 : 14 = 12,65$
14
37
28
91
84
70
70
0

Ergänze als letzte Dezimalstelle im Dividenden eine 0.

112

Produkt	Einzelpreis	Einzelpreis · 10	10er-Angebot	Ersparnis
Schokoriegel	0,80 €	8,00 €	7,40 €	0,60 €
Joghurt	0,45 €	4,50 €	3,99 €	0,51 €
Schnellhefter	0,50 €	5,00 €	3,99 €	1,01 €
Bleistift	1,20 €	12,00 €	10,50 €	1,50 €

113 **Eis:**

4,96 € : 8 = 0,62 €
48
16
16
0

Bifi:

2,75 € : 5 = 0,55 €
25
25
25
0

Wasser:

4,32 € : 6 = 0,72 €
42
12
12
0

Ziehe das Pfand für die Kiste vom Preis ab:
7,32 € – 3 € = 4,32 €

114 a) $20{,}5 : 5 - 3{,}89 = 4{,}1 - 3{,}89 = 0{,}21$

b) $4{,}58 + 8{,}01 \cdot 0{,}6 = 4{,}58 + 4{,}806 = 9{,}386$

Nebenrechnung:
$$\begin{array}{r} \underline{8{,}01 \cdot 0{,}6} \\ 4{,}806 \end{array}$$

c) $15{,}48 : 6 - 0{,}85 \cdot 0{,}1 = 2{,}58 - 0{,}085 = 2{,}495$

Nebenrechnung:
$$\begin{array}{l} 15{,}48 : 6 = 2{,}58 \\ \underline{12} \\ \;\;34 \\ \;\;\underline{30} \\ \;\;\;\;48 \\ \;\;\;\;\underline{48} \\ \;\;\;\;\;\;0 \end{array}$$

d) $1{,}05 \cdot 2{,}44 + 38{,}24 : 4 = 2{,}562 + 9{,}56 = 12{,}122$

Nebenrechnungen:
$$\begin{array}{r} \underline{1{,}05 \cdot 2{,}44} \\ 210\;\;\;\; \\ 420\;\; \\ \underline{\;\;\;\;420} \\ 2{,}5620 \end{array} \qquad \begin{array}{l} 38{,}24 : 4 = 9{,}56 \\ \underline{36} \\ \;\;22 \\ \;\;\underline{20} \\ \;\;\;\;24 \\ \;\;\;\;\underline{24} \\ \;\;\;\;\;\;0 \end{array}$$

115 a) $14{,}72 : 3{,}2 =$

$$\begin{array}{l} 147{,}2 : 32 = 4{,}6 \\ \underline{128} \\ \;\;192 \\ \;\;\underline{192} \\ \;\;\;\;\;\;0 \end{array}$$

Verschiebe das Komma bei beiden Zahlen um **eine Stelle** nach rechts, damit der Divisor eine natürliche Zahl ist.

b) $29{,}9 : 0{,}65 =$

$$\begin{array}{l} 2990 : 65 = 46 \\ \underline{260} \\ \;\;390 \\ \;\;\underline{390} \\ \;\;\;\;\;\;0 \end{array}$$

Verschiebe das Komma bei beiden Zahlen um 2 Stellen nach rechts. Beim Dividenden musst du dadurch eine **0 ergänzen**.

c)
$$\begin{array}{l} 78{,}60 : 12 = 6{,}55 \\ \underline{72} \\ \;\;66 \\ \;\;\underline{60} \\ \;\;\;\;60 \\ \;\;\;\;\underline{60} \\ \;\;\;\;\;\;0 \end{array}$$

Ergänze als letzte Dezimalstelle im Dividenden eine 0.

d) $527:6{,}2=$
$5270:62=85$
$\underline{496}$
310
$\underline{310}$
0

e) $569{,}5:6{,}7=$
$5695:67=85$
$\underline{536}$
335
$\underline{335}$
0

f) $57:3{,}8=$
$570:38=15$
$\underline{38}$
190
$\underline{190}$
0

116 a) $405:7{,}5=54{,}0$ Überschlag: $400:8=50$

b) $117:3{,}25=36{,}0$ Überschlag: $120:3=40$

c) $30{,}6:0{,}85=36$ Überschlag: $30:1=30$

d) $16{,}8:4{,}8=3{,}5$ Überschlag: $16:4=4$

117 a) 600 : 20 18 : 0,6 36 : 1,2 12 : 0,4 900 : 300 6 : 0,2

b) Mögliche Lösungen:
9 : 0,3 120 : 4 1,5 : 0,05 21 : 0,7 2,7 : 0,09

118 a) $0{,}5+0{,}5\cdot 4+0{,}5=0{,}5+2+0{,}5=3$

b) $1{,}8:(0{,}3+0{,}6)=1{,}8:0{,}9=2$ $18:9=2$

c) $\frac{1}{4}\cdot 6+4\cdot\frac{2}{3}=\frac{6}{4}+\frac{8}{3}=\frac{18}{12}+\frac{32}{12}=\frac{50}{12}=\frac{25}{6}=4\frac{1}{6}$

d) $\frac{1}{2}\cdot(0{,}8+0{,}4)=\frac{1}{2}\cdot 1{,}2=0{,}6$ $\frac{1}{2}$ ist die Hälfte.

e) $\frac{3}{4}+8\cdot 0,25-\frac{1}{4}=\frac{3}{4}+2-\frac{1}{4}=\frac{3}{4}-\frac{1}{4}+2=2\frac{2}{4}=2\frac{1}{2}$

f) $\left(\frac{2}{5}+0,4\right)\cdot 2-\frac{4}{5}=\left(\frac{2}{5}+\frac{2}{5}\right)\cdot 2-\frac{4}{5}=\frac{4}{5}\cdot 2-\frac{4}{5}=\frac{8}{5}-\frac{4}{5}=\frac{4}{5}$

119 a) $3\,000:300+400\cdot 0,025=10+10=20$
$300:30+40\cdot 0,25=10+10=20$
$30:3+4\cdot 2,5=10+10=20$
$3:0,3+0,4\cdot 25=10+10=20$
$0,3:0,03+0,04\cdot 250=10+10=20$

Bei den ersten 3 Zahlen in der Rechnung wird das Komma jeweils um eine Stelle **nach links** verschoben, bei der letzten Zahl um eine Stelle **nach rechts**.

b) $0,002\cdot 500-1\,000\cdot 0,001=1-1=0$
$0,02\cdot 50-100\cdot 0,01=1-1=0$
$0,2\cdot 5-10\cdot 0,1=1-1=0$
$2\cdot 0,5-1\cdot 1=1-1=0$

Bei der ersten und letzten Zahl in der Rechnung wird das Komma jeweils um eine Stelle **nach rechts** verschoben, bei der zweiten und dritten um eine Stelle **nach links**.

120 a) $2,5-\mathbf{2}=0,5$

b) $4\cdot \mathbf{0,2}+0,2=1$

$4\cdot 0,2=0,8$

c) $\square+0,6\cdot 2-0,4=1$
$\square+1,2-0,4=1$
$\square+0,8=1$
$\mathbf{0,2}+0,8=1$

Fasse zuerst zusammen.

d) $\mathbf{0,6}+\mathbf{0,6}+\mathbf{0,6}=1,8$

$1,8:3=0,6$

e) $\square\cdot\left(\frac{1}{2}+\frac{1}{4}\right)=1\frac{1}{2}$
$\square\cdot\frac{3}{4}=1\frac{1}{2}$
$\mathbf{2}\cdot\frac{3}{4}=1\frac{1}{2}$

$\frac{1}{2}+\frac{1}{4}=\frac{2}{4}+\frac{1}{4}=\frac{3}{4}$

$1\frac{1}{2}=\frac{3}{2}=\frac{6}{4}$

f) $\frac{4}{5}-\mathbf{\frac{2}{5}}=\mathbf{\frac{2}{5}}$

$\frac{4}{5}:2=\frac{2}{5}$

121 $0,4\ \ell+0,5\ \ell+0,6\ \ell=1,5\ \ell$

$1,5\ \ell:3=0,5\ \ell$

Ein Cocktail besteht aus 0,5 ℓ Flüssigkeit.

$\frac{1}{2}=0,5;\ \frac{3}{5}=0,6$

Es werden 3 Cocktails gemischt.

122 0,25 kg + 0,5 kg + 0,2 kg + 0,3 kg = 1,25 kg $\frac{1}{2} = 0,5;\ \frac{1}{5} = 0,2;\ 3 \cdot 0,1 = 0,3$

Der Teig wiegt 1,25 kg.

123

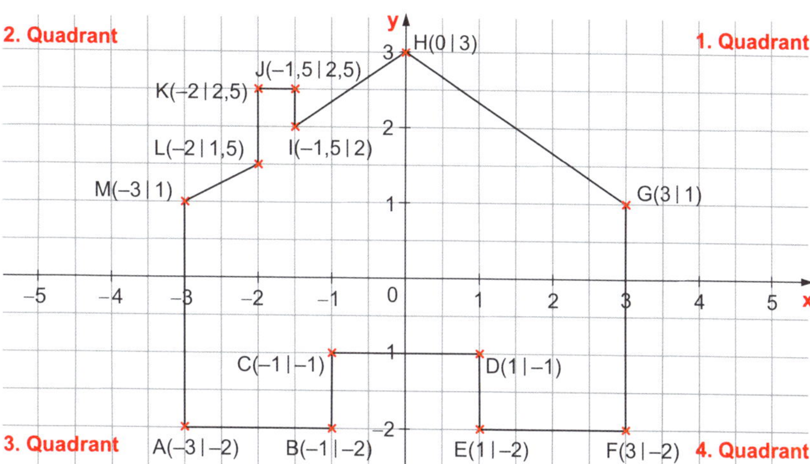

124

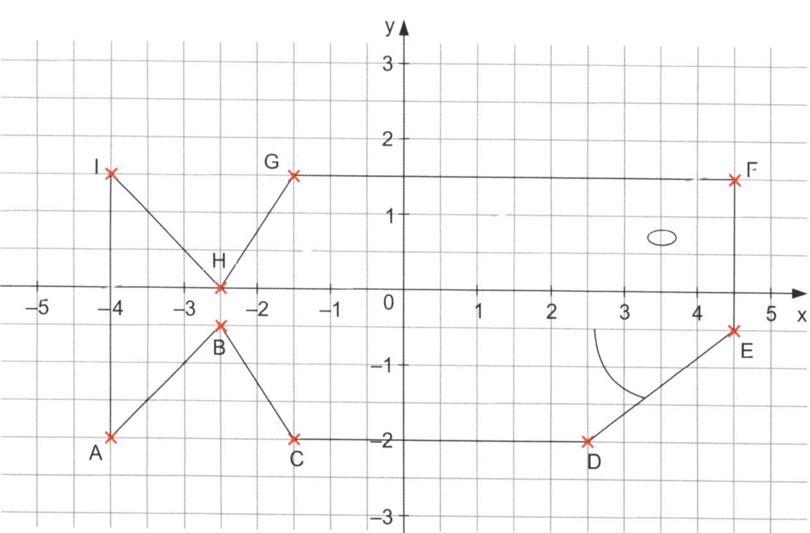

Es entsteht ein Fisch.

125 a)

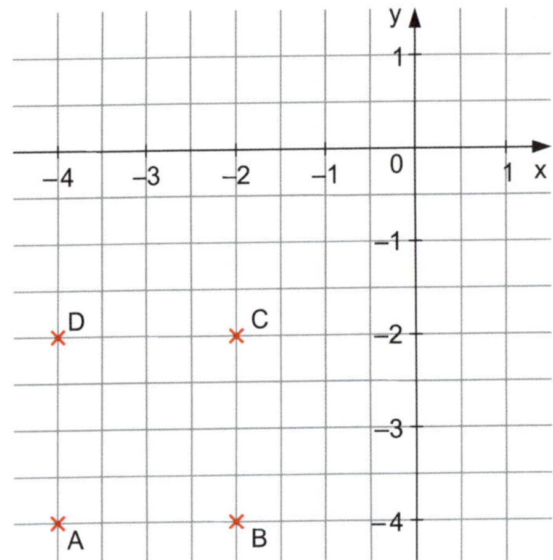

b)

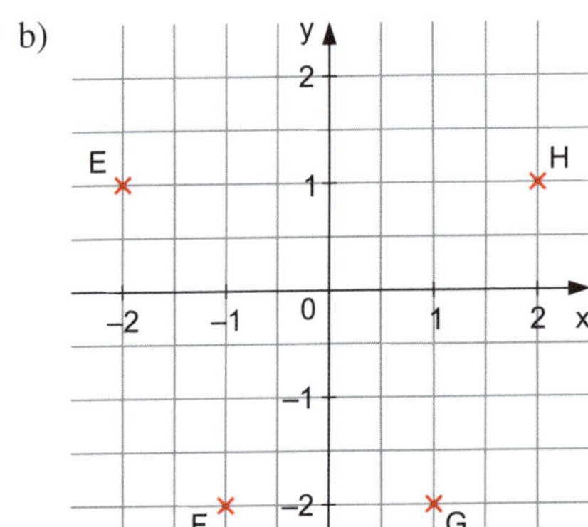

c)

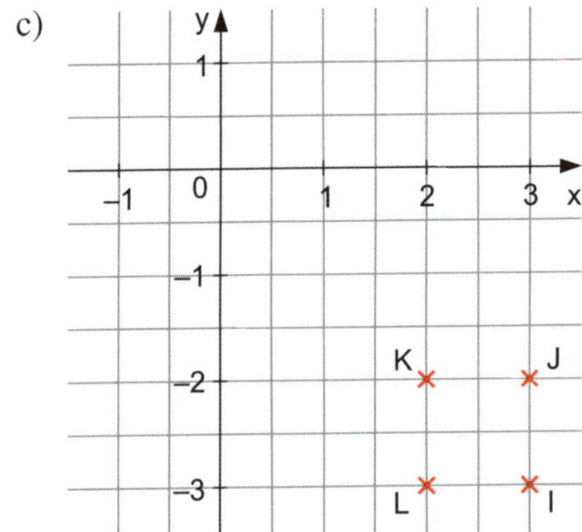

126 a)

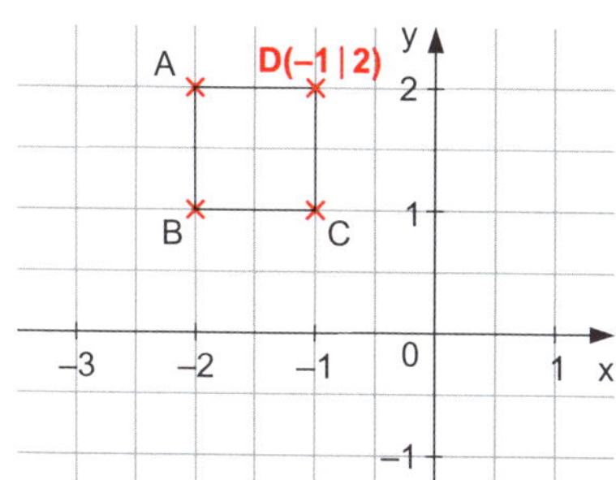
A
D(–1 | 2)
B
C
y
2
1
0
–1
–3
–2
–1
1
x

b)

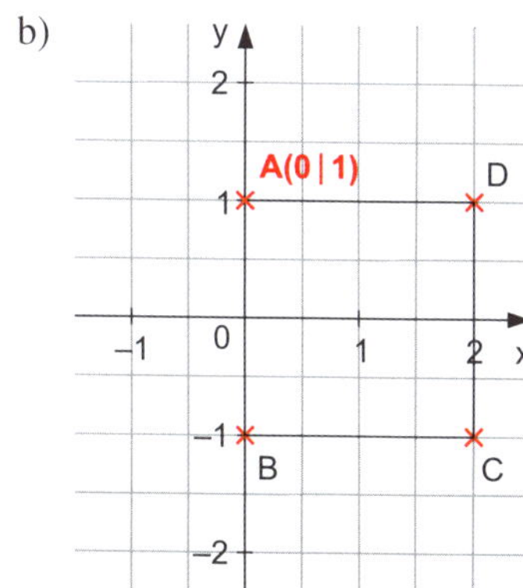
y
2
A(0 | 1)
D
1
–1
0
1
2
x
–1
B
C
–2

c)

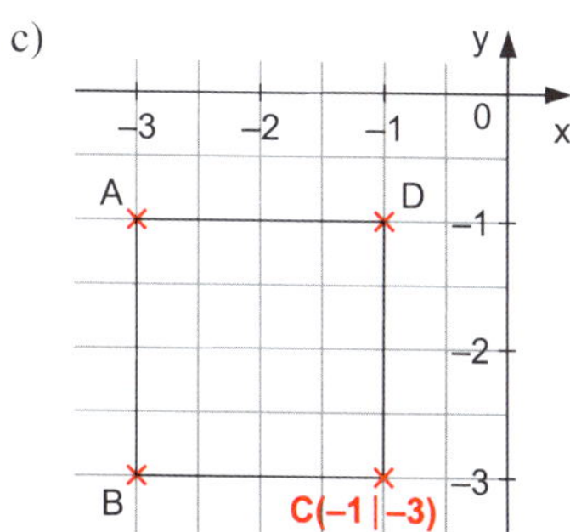
y
–3
–2
–1
0
x
A
D
–1
–2
B
C(–1 | –3)
–3

d)

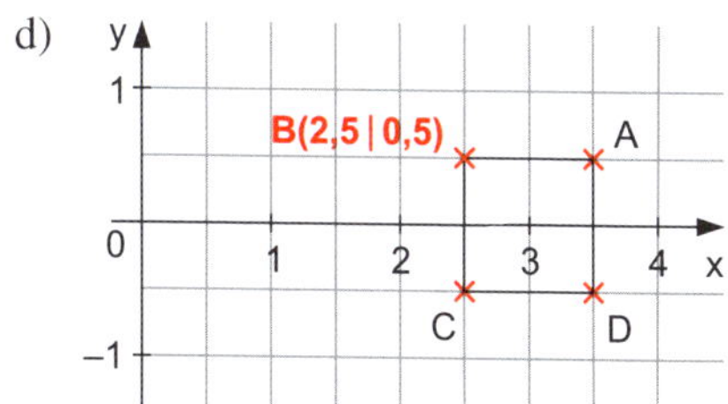
y
1
B(2,5 | 0,5)
A
0
1
2
3
4
x
C
D
–1

127 a) –4,5 °C

b) –34,20 €

c) $+\frac{1}{2}$ kg

d) +25,80 €

e) –3 803 m

128 a)

Uhrzeit	0.00	1.00	2.00	3.00	4.00	5.00	6.00	7.00	8.00	9.00	10.00
Temp. (°C)	0,4	0	–0,8	–1,1	–1,7	–1,8	–1,3	–0,7	0,3	0,9	2,1

b) Um 10.00 Uhr war die Temperatur mit 2,1°C am höchsten und um 5.00 Uhr mit –1,8 °C am niedrigsten.

c) Um 3.00 Uhr, 4.00 Uhr, 5.00 Uhr und 6.00 Uhr lag die Temperatur unter –1 °C.

129

°C
+1,5 $+1\frac{1}{2}$
+1,0
+0,7
+0,5
0,0
–0,3
–0,5 $-\frac{1}{2}$
–1,0 –1,1
–1,5 –1,5

130 a) –11 € < –10 € < –1 € < 10 € < 110 €

b) –0,30 € < –0,03 € < 0,03 € < 0,30 €

c) –12 € < –10,10 € < – 10 € < 11 € < 11,10 €

131 a) **A:** $-\frac{6}{8} = -\frac{3}{4}$ **B:** $-\frac{4}{8} = -\frac{1}{2}$ **C:** $-\frac{1}{8}$ **D:** $\frac{2}{8} = \frac{1}{4}$

b) **A:** $-3\frac{1}{2}$ **B:** $-2\frac{1}{4}$ **C:** $-\frac{1}{4}$ **D:** $+\frac{3}{4}$

132 a) $-3{,}5 < -2{,}5 < -0{,}5 < 0{,}5 < 1{,}5$

b) $-\frac{3}{4} < -\frac{1}{4} < 0 < \frac{1}{2} < \frac{3}{4}$

c) $-0{,}8 < -0{,}4 < -\frac{1}{10} < 0{,}2 < \frac{8}{10}$

133 a) $1 > -2$

b) $-2{,}5 < 2$

c) $-4 < -0{,}04$

d) $-0{,}05 > -0{,}5$

e) $\frac{1}{3} > -\frac{1}{3}$

f) $-\frac{4}{5} < -\frac{3}{5}$

134 a) $-1{,}4 < -1{,}2 < -0{,}4 < 0{,}4 < 0{,}8$ **LRDAE**

b) $-\frac{3}{4} < -\frac{1}{2} < -\frac{1}{4} < 0{,}25 < \frac{3}{4}$ **FALKE** $0{,}25 = \frac{1}{4}$

c) $-2{,}5 < -\frac{2}{8} < \frac{1}{10} < 1\frac{1}{2} < 2\frac{3}{4}$ **LINMA** Betrachte jeweils die Einer.

Lösungswort: **FALKE**

135 Mögliche Lösungen:

a) $-2 < \mathbf{-1} < \mathbf{0} < \mathbf{1} < 2$

b) $-1{,}1 < \mathbf{-1} < \mathbf{-0{,}9} < \mathbf{-0{,}6} < -0{,}5$

c) $-1 < \mathbf{-0{,}9} < \mathbf{-0{,}85} < \mathbf{-0{,}1} < 0$

d) $-1{,}1 < \mathbf{-1{,}07} < \mathbf{-1{,}05} < \mathbf{-1{,}04} < -1{,}0$

e) $-0{,}07 > \mathbf{-0{,}071} > \mathbf{-0{,}075} > \mathbf{-0{,}079} > -0{,}08$

f) $-\frac{1}{2} < -\frac{\mathbf{7}}{\mathbf{16}} < -\frac{\mathbf{6}}{\mathbf{16}} < -\frac{\mathbf{5}}{\mathbf{16}} < -\frac{1}{4}$

Erweitere, z. B.: $-\frac{1}{2} = -\frac{8}{16}$; $-\frac{1}{4} = -\frac{4}{16}$

136 a) Da die Temperatur gefallen ist, wird **subtrahiert**. –3 °C **–** 2,5 °C

b) Da sie Geld einzahlt, wird **addiert**. –15,20 € **+** 7,80 €

c) Da das Tote Meer tiefer liegt, wird **subtrahiert**. 37 m **–** 467 m

137 a) $-2 \mathbf{+} 2{,}5 = 0{,}5$

b) $-1 \mathbf{-} 2{,}5 = -3{,}5$

c) $-0{,}4 \mathbf{+} 0{,}5 = 0{,}1$

d) $0{,}2 \mathbf{-} 0{,}5 = -0{,}3$

e) $-1\frac{1}{2} \mathbf{+} \frac{4}{2} = \frac{1}{2}$ bzw. $-1\frac{1}{2} \mathbf{+} 2 = \frac{1}{2}$

f) $-\frac{1}{4} \mathbf{-} \frac{3}{4} = -1$

138

139

	a)	b)	c)	d)	e)	f)
Alter Betrag	5,50 €	–12,40 €	–18,20 €	–14,40 €	2,30 €	–22,10 €
Bewegung	–6,00 €	–5,30 €	+16,10 €	+20,00 €	–6,50 €	+24,00 €
Neuer Betrag	**–0,50 €**	**–17,70 €**	**–2,10 €**	**+5,60 €**	**–4,20 €**	**+1,90 €**

140 a)

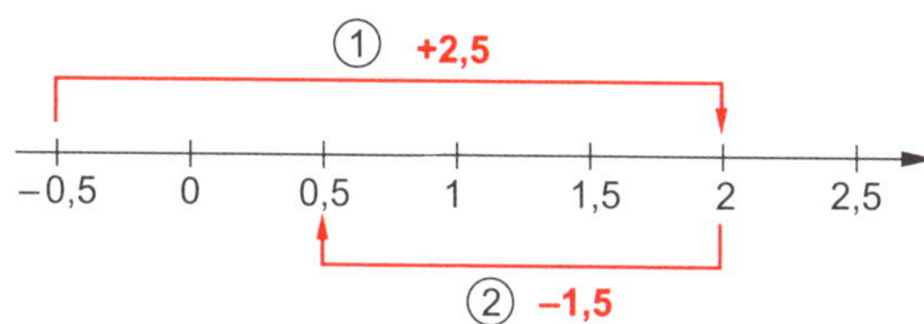

$-0{,}5 + 2{,}5 - 1{,}5 = 0{,}5$

b)

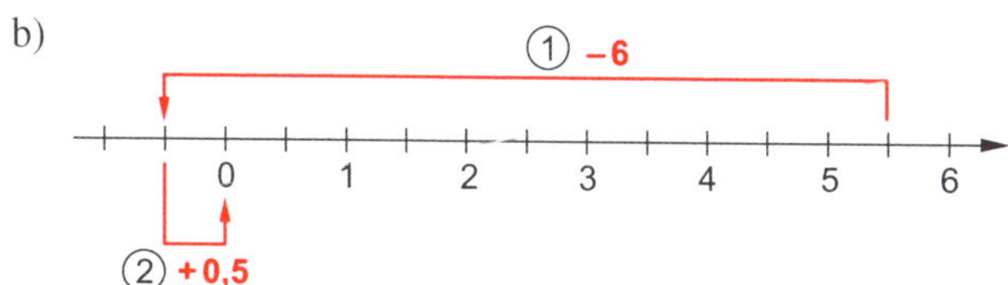

$5{,}5 - 6 + 0{,}5 = 0$

c)

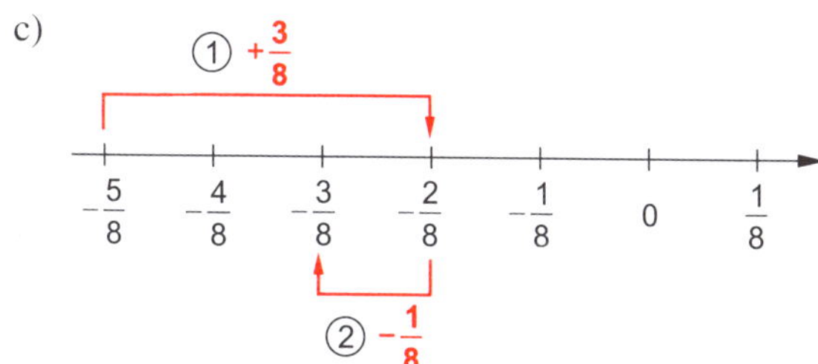

$-\frac{5}{8} + \frac{3}{8} - \frac{1}{8} = -\frac{3}{8}$

d)

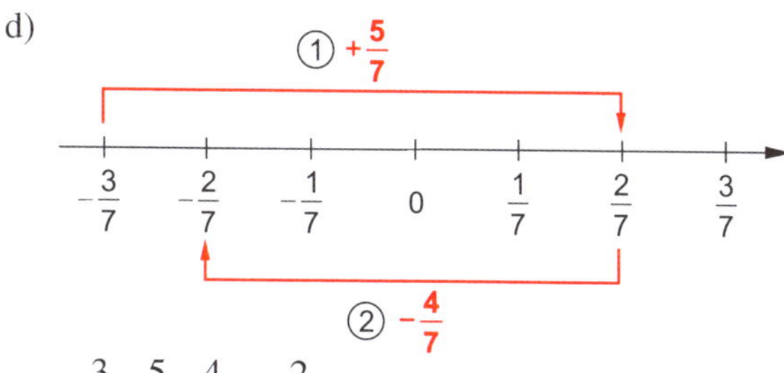

$-\frac{3}{7} + \frac{5}{7} - \frac{4}{7} = -\frac{2}{7}$

141

	6 Uhr	**9 Uhr**	**12 Uhr**	**15 Uhr**	**18 Uhr**
Reit im Winkl	–2,5 °C	–1,2 °C	0,8 °C	3,2 °C	0,2 °C
Winklmoosalm	–7,5 °C	–6,3 °C	–1,7 °C	0,4 °C	–2,5 °C
Temperaturunterschied	**5 °C**	**5,1 °C**	**2,5 °C**	**2,8 °C**	**2,7 °C**

142 a) –18; –15; –12; **–9**; **–6**; **–3**; **0**; **3** Es wird immer 3 addiert.

b) –0,2; –0,35; –0,5; **–0,65**; **–0,8**; **–0,95**; **–1,1**; **–1,25** Es wird immer 0,15 subtrahiert.

143 a) 1,5 – 2 = **–0,5**

b) –2 + 3,5 = **1,5**

c) –1,5 – 2,1 = **–3,6**

d) 3,1 – 4,2 = **–1,1**

e) –4 **+ 2** = –2

f) 3 **– 5** = –2

g) **8,5** – 2,5 = 6

h) **–3** + 0,9 = –2,1

144 –423 m – 245 m + 132 m = –668 m + 132 m = –536 m

Das U-Boot befindet sich jetzt 536 m unter dem Meeresspiegel.

145 a) **Kevin:** –1,50 € + 5,50 € – 3,50 € + 5,10 € = +5,60 €

Lorian: –2,30 € – 4,60 € + 7,40 € – 1,30 € = –0,80 €

Daniel: +3,80 € – 0,90 € – 3,90 € – 3,80 € = –4,80 €

b) Daniel hat insgesamt am meisten Geld verloren.

146 a)

+0,2 +0,2 +0,2 +0,2

0 0,2 0,4 0,6 0,8 1,0

0,2 · 4 = 0,8

b)

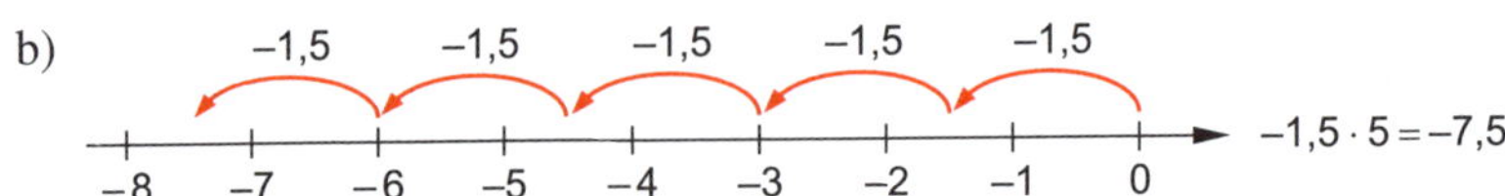

c) −0,4 −0,4 −0,4 −0,4

−1,6 −1,4 −1,2 −1 −0,8 −0,6 −0,4 −0,2 0

$-0,4 \cdot 4 = -1,6$

d)

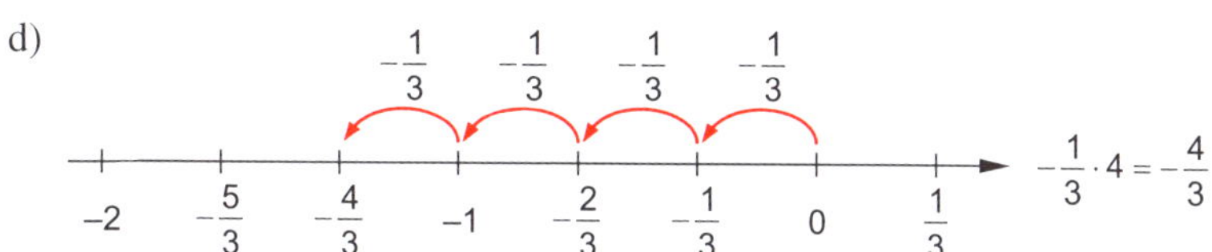

147 a) $-0,3 \cdot 3 = -0,3 - 0,3 - 0,3 = -0,9$

b) $-1,2 \cdot 4 = -1,2 - 1,2 - 1,2 - 1,2 = -4,8$

c) $\frac{1}{8} \cdot 5 = \frac{1}{8} + \frac{1}{8} + \frac{1}{8} + \frac{1}{8} + \frac{1}{8} = \frac{5}{8}$

d) $-\frac{1}{4} \cdot 3 = -\frac{1}{4} - \frac{1}{4} - \frac{1}{4} = -\frac{3}{4}$

148

·	**−0,2**	**−2,4**	**0,6**	**$\frac{1}{2}$**
3	−0,6	−7,2	1,8	$\frac{3}{2}$
6	−1,2	−14,4	3,6	$\frac{6}{2} = 3$
12	−2,4	−28,8	7,2	$\frac{12}{2} = 6$

149 a) $0,1 \cdot \mathbf{5} = 0,5$

b) $\mathbf{-0,2} \cdot 3 = -0,6$

c) $\mathbf{-\frac{1}{5}} \cdot 3 = -\frac{3}{5}$

d) $-\frac{2}{3} \cdot \mathbf{4} = -\frac{8}{3}$

150 Mögliche Lösungen:

a) $-3 \cdot 1,5 = -4,5$ $-0,5 \cdot 9 = -4,5$

b) $-0,1 \cdot 8 = -0,8$ $-0,4 \cdot 2 = -0,8$

c) $-\frac{1}{8} \cdot 6 = -\frac{6}{8}$ $-\frac{2}{8} \cdot 3 = -\frac{6}{8}$

151 Anfangskapital: 3 221 €
monatliche Rate: –268 €

Rate in einem Jahr: –268 € · 12 = –3 216 €
Guthaben nach einem Jahr: 3 221 € – 3 216 € = 5 €

Am Ende des Jahres sind noch 5 € auf dem Konto.

152
- [ ] $-0{,}3 \cdot 2 = 0{,}6$ richtig: $-0{,}3 \cdot 2 = -0{,}6$ Vorzeichenfehler
- [x] $-0{,}2 \cdot 2{,}4 = -0{,}48$
- [x] $5 \cdot (-0{,}9) = -4{,}5$

153

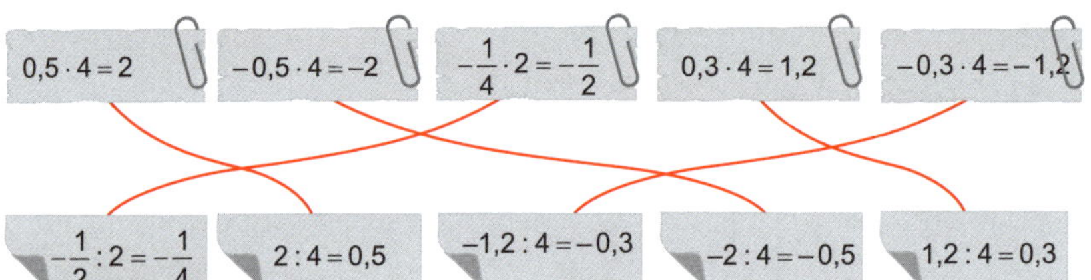

154

a) 0,6 · 3 → **1,8**; 1,8 **: 3** → 0,6

b) 3,4 **· 2** → **6,8**; 6,8 : 2 → 3,4

c) –2,3 **· 3** → –6,9; –6,9 **: 3** → –2,3

d) $-\frac{2}{9}$ · 3 → $\mathbf{-\frac{6}{9}}$; $-\frac{6}{9}$ **: 3** → $-\frac{2}{9}$

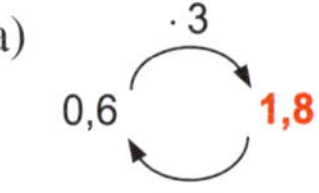

155

a) $-0{,}6 : 2 = -0{,}3$ Umkehraufgabe: $-0{,}3 \cdot 2 = -0{,}6$

b) $1{,}2 : 4 = 0{,}3$ Umkehraufgabe: $0{,}3 \cdot 4 = 1{,}2$

c) $-3{,}6 : 6 = -0{,}6$ Umkehraufgabe: $-0{,}6 \cdot 6 = -3{,}6$

d) $-5{,}6 : 7 = -0{,}8$ Umkehraufgabe: $-0{,}8 \cdot 7 = -5{,}6$

e) $-\frac{4}{5} : 2 = -\frac{2}{5}$ Umkehraufgabe: $-\frac{2}{5} \cdot 2 = -\frac{4}{5}$

f) $-\frac{3}{8} : 2 = -\frac{3}{16}$ Umkehraufgabe: $-\frac{3}{16} \cdot 2 = -\frac{6}{16} = -\frac{3}{8}$

156

:	**−1,2**	**24**	**$-\frac{1}{2}$**
2	−0,6	12	$-\frac{1}{4}$
3	−0,4	8	$-\frac{1}{6}$
4	−0,3	6	$-\frac{1}{8}$

157 10,50 € : 3 = 3,50 €

Jeder muss 3,50 € bezahlen.

158 102 € : 12 = 8,50 €

Maxi muss seinem Vater jeden Monat 8,50 € zurückzahlen.

159 a)

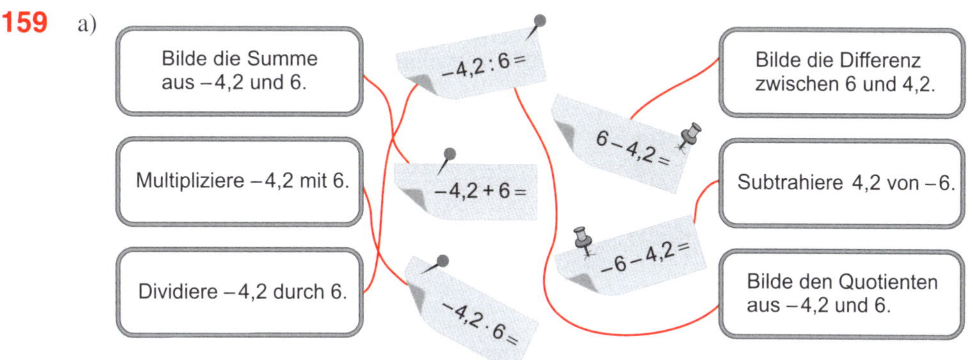

b) $-4{,}2 + 6 = 1{,}8$
$-4{,}2 \cdot 6 = -25{,}2$
$-4{,}2 : 6 = -0{,}7$

$6 - 4{,}2 = 1{,}8$
$-6 - 4{,}2 = -10{,}2$
$-4{,}2 : 6 = -0{,}7$

160 a) $\square - 2{,}3 = -3{,}8$ Umkehraufgabe: $-3{,}8 + 2{,}3 = -1{,}5$

$\square = -1{,}5$

b) $\square \cdot 12 = -7{,}2$ Umkehraufgabe: $-7{,}2 : 12 = -0{,}6$

$\square = -0{,}6$

c) $\square + \frac{1}{4} = -\frac{3}{4}$ Umkehraufgabe: $-\frac{3}{4} - \frac{1}{4} = -\frac{4}{4} = -1$

$\square = -1$

d) $\square : 4 = -0{,}5$ Umkehraufgabe: $-0{,}5 \cdot 4 = -2$

$\square = -2$

161 Mögliche Lösungen:

a) Addiert man 0,8 zu der gesuchten Zahl, erhält man –3,4.

b) Multipliziert man 3 mit der gesuchten Zahl, erhält man $-\frac{9}{10}$.

c) Dividiert man –2,8 durch die gesuchte Zahl, erhält man –0,2.

d) Subtrahiert man die gesuchte Zahl von –4,7, erhält man –7,3.

162 a)

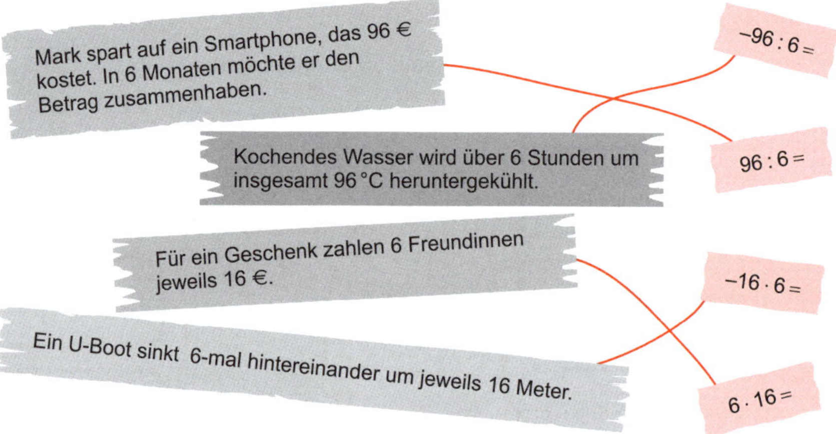

b) **Frage:** Wie viel € muss Mark im Monat sparen?

96 € : 6 = 16 €

Mark muss jeden Monat 16 € sparen.

Frage: Um wie viel Grad wird das Wasser pro Stunde heruntergekühlt?

–96 °C : 6 = –16 °C

Pro Stunde wird das Wasser um 16 °C heruntergekühlt.

Frage: Wie teuer ist das Geschenk?

6 · 16 € = 96 €

Das Geschenk kostet 96 €.

Frage: Um wie viel Meter sinkt das U-Boot insgesamt?

–16 m · 6 = –96 m

Es sinkt insgesamt um 96 m.

c) Mögliche Lösungen:

$-36:6$ → Johann zahlt die 36 € Schulden in 6 Monatsraten ab.

$-3{,}5 \cdot 4$ → Die Temperatur sinkt 4 Stunden lang um jeweils 3,5 °C.

163 a) und b) Mögliche Lösungen:

Frage: Wie groß ist der Höhenunterschied zwischen Zwieselstein und dem Timmelsjoch?

2 500 m – 1 500 m = 1 000 m

Der Höhenunterschied beträgt 1 000 m.

Frage: Wie viele Kilometer muss der Radfahrer von Sölden nach St. Leonhard zurücklegen?

54 km – 2 km = 52 km

Der Radfahrer muss von Sölden nach St. Leonhard 52 km zurücklegen.

164

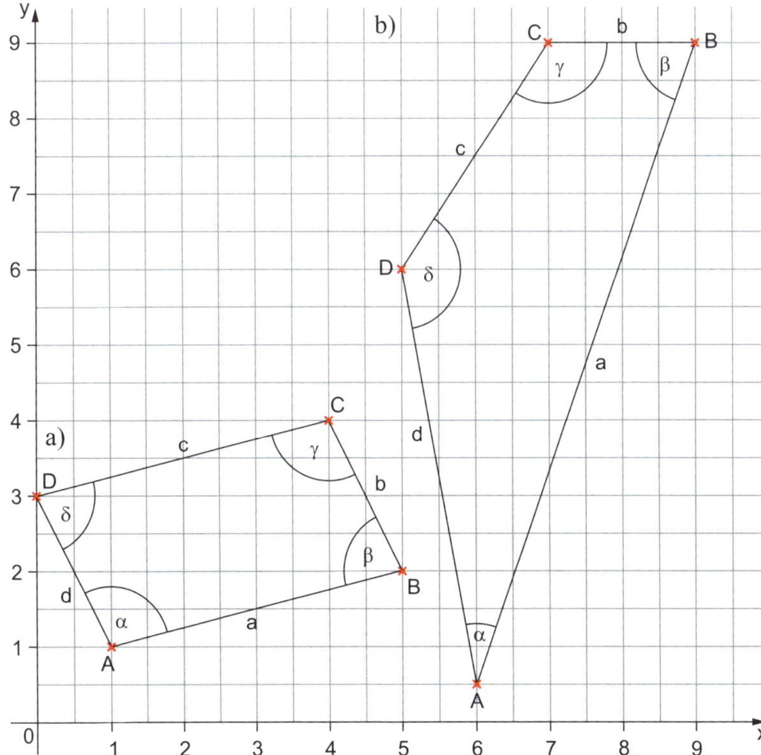

165 Mögliche Lösungen:

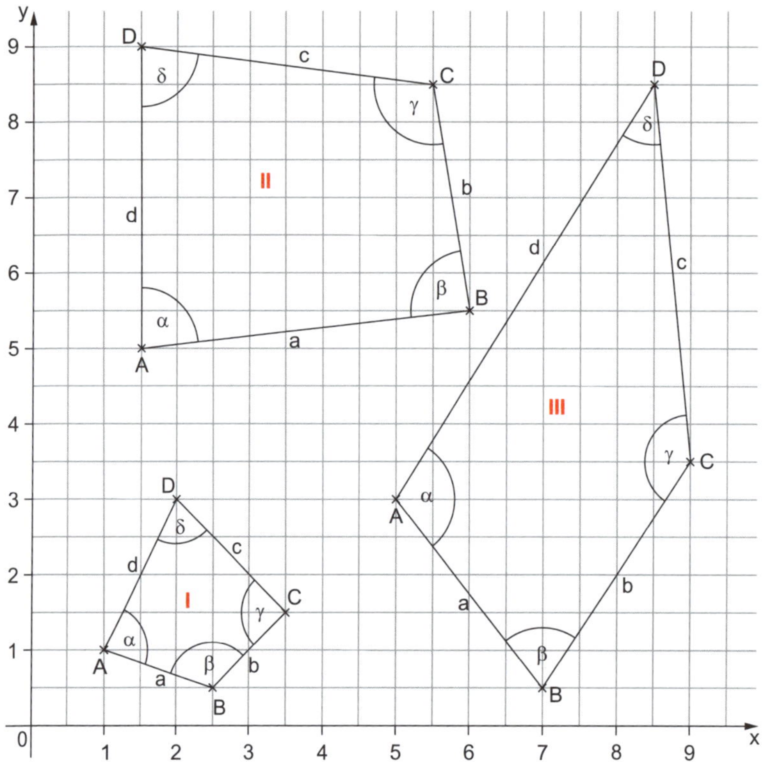

Koordinaten I:	A(1 | 1);	B(2,5 | 0,5);	C(3,5 | 1,5);	D(2 | 3)
Koordinaten II:	A(1,5 | 5);	B(6 | 5,5);	C(5,5 | 8,5);	D(1,5 | 9)
Koordinaten III:	A(5 | 3);	B(7 | 0,5);	C(9 | 3,5);	D(8,5 | 8,5)

166 Mögliche Lösungen:

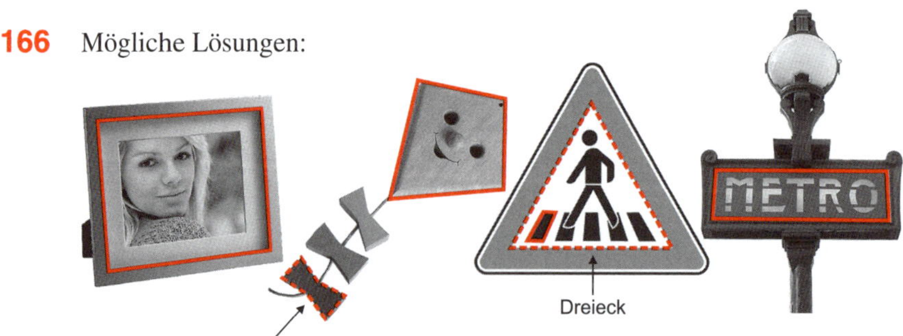

167 **A:** Quadrat
B: Rechteck
C: Drachenviereck
D: Parallelogramm
E: Trapez
F: Raute

168

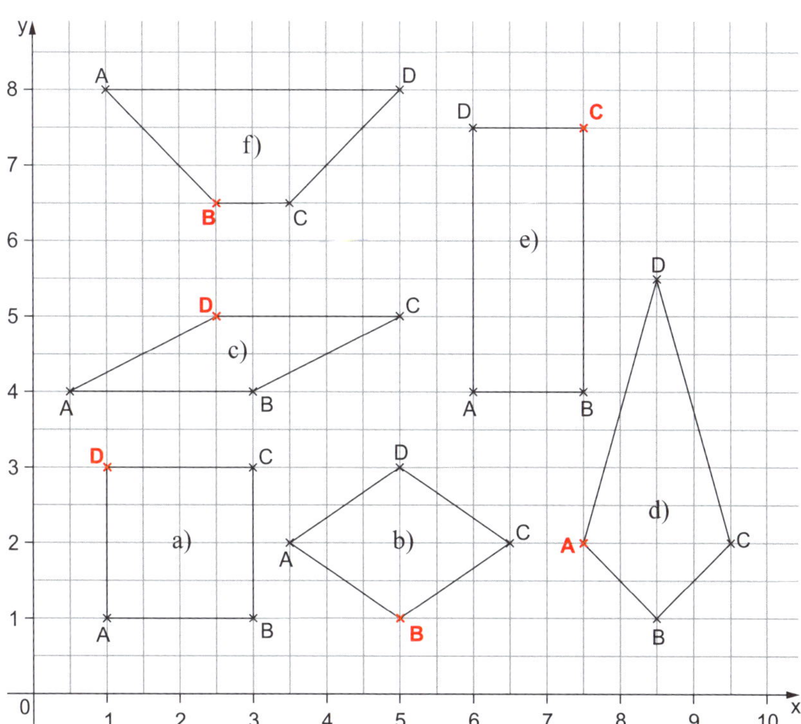

169 a)

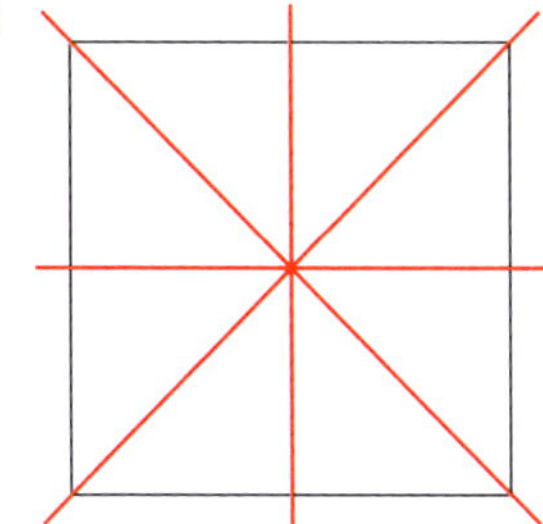

b)

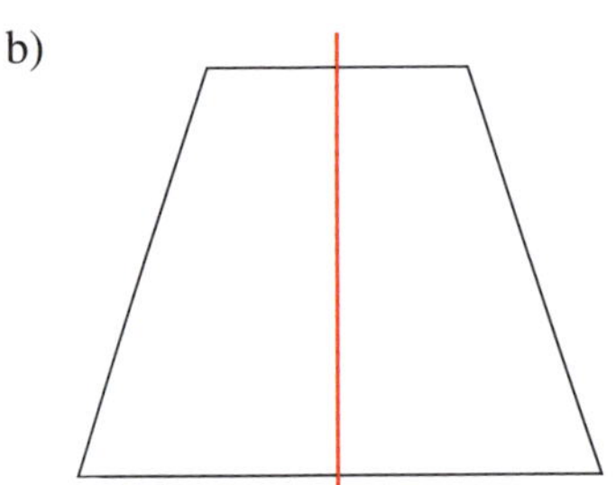

Ich kann eine Symmetrieachse einzeichnen.

c)

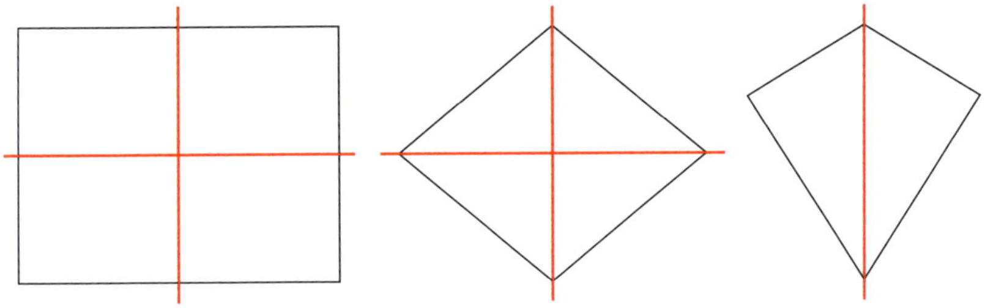

d)

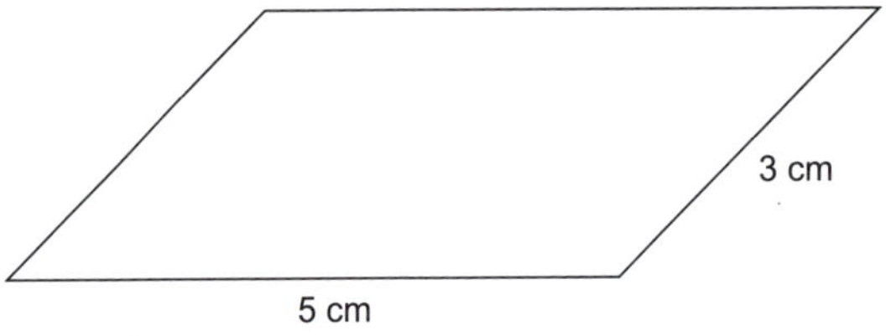

3 cm

5 cm

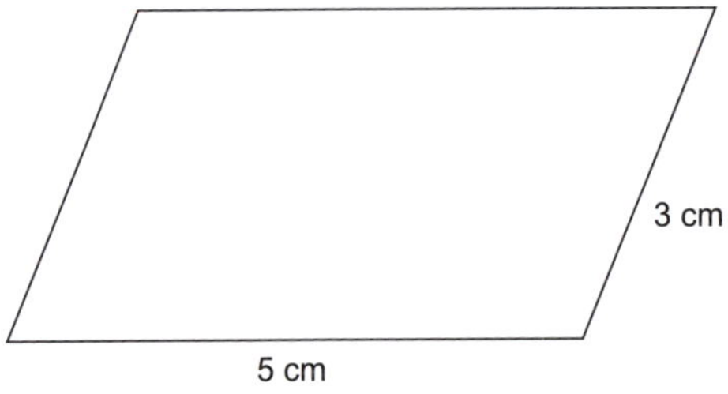

3 cm

5 cm

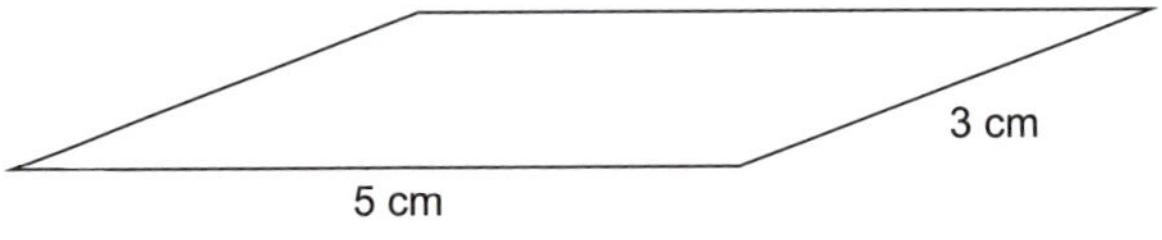

3 cm

5 cm

Ich kann keine Symmetrieachsen finden.

e) Quadrat: **4** Symmetrieachsen
gleichschenkliges Trapez: **1** Symmetrieachse
Rechteck: **2** Symmetrieachsen
Raute: **2** Symmetrieachsen
Drachenviereck: **1** Symmetrieachse
Parallelogramm: **keine** Symmetrieachse

170 a) gleichschenkliges Trapez oder Drachenviereck

b) Quadrat oder Raute

c) Raute, Parallelogramm, Drachenviereck oder gleichschenkliges Trapez; beim Quadrat und beim Rechteck sind sogar alle vier Winkel gleich groß.

Individuelle Lösungen beim Erfinden eigener Aufgaben.

171 **Jedes Rechteck ist auch ein Parallelogramm:**
Das ist richtig, weil in jedem Rechteck die gegenüberliegenden Seiten gleich lang und parallel sind. Auch die gegenüberliegenden Winkel sind gleich groß.

Jedes Quadrat ist auch ein Rechteck:
Das ist richtig, weil auch beim Quadrat gegenüberliegende Seiten gleich lang und parallel sind.

Jedes Parallelogramm ist auch eine Raute:
Das ist falsch, weil bei einem Parallelogramm nicht alle Seiten gleich lang sein müssen.

Jede Raute ist auch ein Parallelogramm:
Das ist richtig, weil auch bei der Raute gegenüberliegende Seiten gleich lang und parallel sind.

172

Die Diagonalen …	sind gleich lang.	stehen senkrecht aufeinander.	halbieren sich.
Quadrat	☒	☒	☒
Rechteck	☒	☐	☒
Raute	☐	☒	☒
Parallelogramm	☐	☐	☒
Drachenviereck	☐	☒	☐
gleichschenkliges Trapez	☒	☐	☐

173 a)

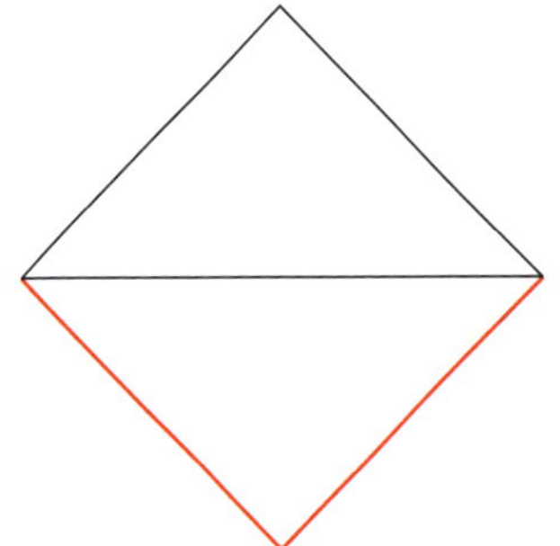

b)

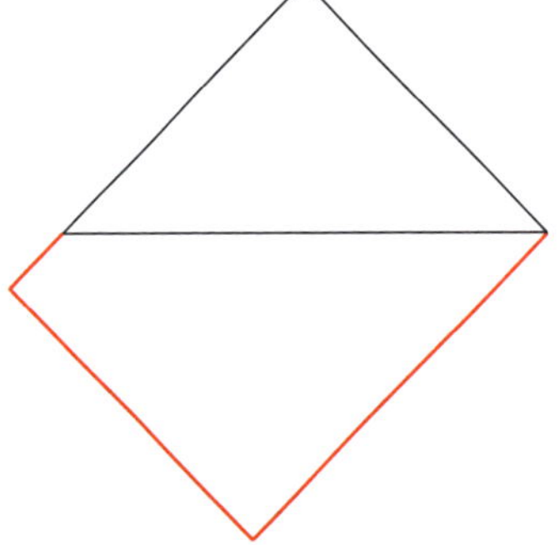

c)

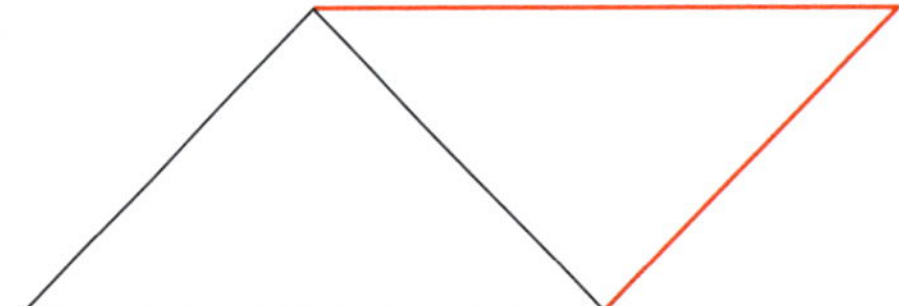

174 a)

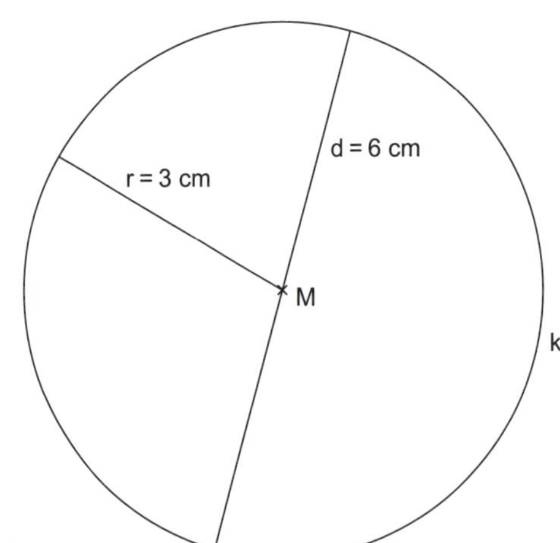

b)

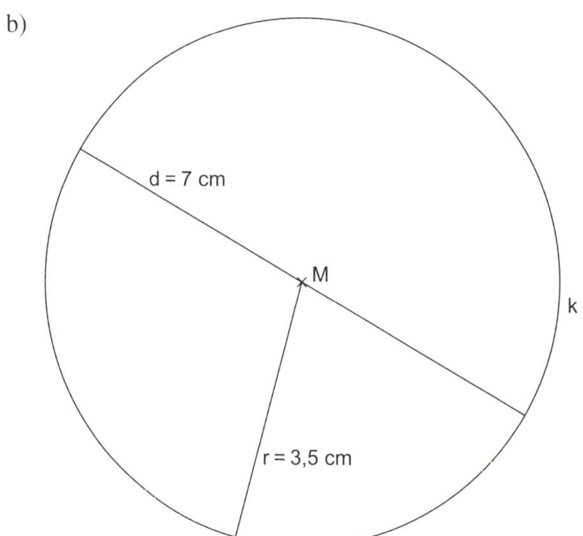

c)

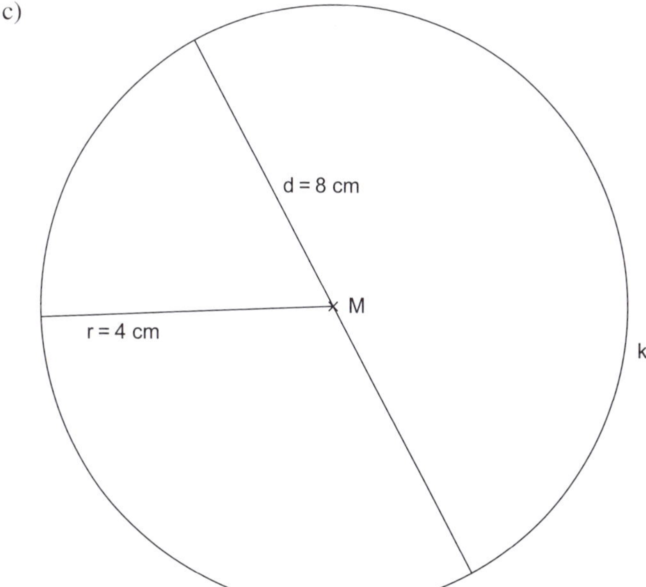

d)

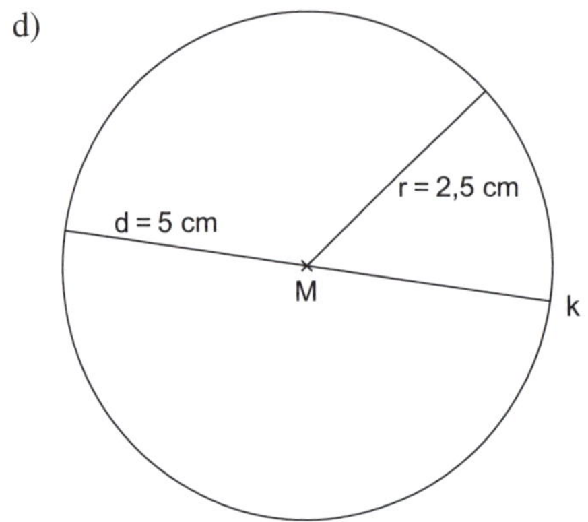

175 **1-€-Stück:**
d = 2,3 cm
r = 2,3 cm : 2 = 1,15 cm

5-Cent-Münze:
d = 2,1 cm
r = 2,1 cm : 2 = 1,05 cm

176 **A:** d = 3 cm; r = 1,5 cm
B: d = 2 cm; r = 1 cm
C: d = 1,5 cm; r = 0,75 cm
D: d = 2,5 cm; r = 1,25 cm

177

Radius	6,5 cm	**2 m**	2,5 dm	**2,5 mm**
Durchmesser	**13 cm**	4 m	**5 dm**	5 mm

178

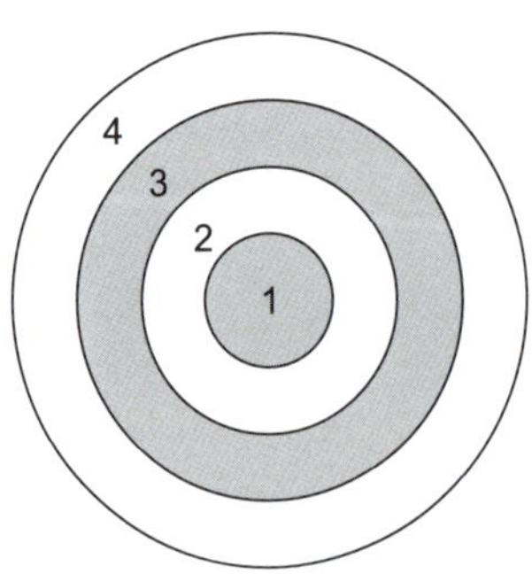

Damit der Abstand zwischen 2 Gewinnzonen gleich groß ist, musst du den Radius der Kreise jeweils um dieselbe Länge (z. B. 0,5 cm) vergrößern.

179 a) Ziehe um Würzburg einen Kreis mit einem **Radius von 1,8 cm** (entspricht laut Maßstab 100 km). Die Städte, die innerhalb des Kreises liegen, können noch erreicht werden, die Städte außerhalb nicht mehr.

b) Heilbronn, Frankfurt, Darmstadt, Nürnberg, Fulda und Aalen können beispielsweise erreicht werden.

c) Für Mainz, Karlsruhe, Stuttgart und Bayreuth reicht der Tank gerade nicht mehr aus.

180 Vergleiche mit der Aufgabe.

181

A Kegel	**B** Kugel	**C** Würfel
D Würfel	**E** (Dreiecks-)Prisma	**F** Zylinder
G Quader	**H** Kegel	**I** Kugel
J Zylinder	**K** Quader	**L** Pyramide

182 a) Quader: 6 Flächen, 8 Ecken, 12 Kanten

b) Dreiecksprisma: 5 Flächen, 6 Ecken, 9 Kanten

183 a) Kugel

b) Würfel

c) Kegel

d) Zylinder

184

☐	Ein Quader besitzt 6 gleich große Flächen.	Ein Quader besitzt 6 Flächen, von denen **je 2** gleich groß sind.
☐	Ein Würfel besitzt 12 Ecken.	Ein Würfel besitzt **8** Ecken.
☒	Ein Quader besitzt 12 Kanten.	
☐	Eine Pyramide hat immer einen Kreis als Grundfläche.	Pyramiden haben **unterschiedliche** Grundflächen, aber niemals einen Kreis.
☒	Ein Kegel hat eine Spitze.	
☐	Ein Zylinder hat eine quadratische Grundfläche.	Ein Zylinder hat einen **Kreis** als Grundfläche.
☐	Ein Zylinder hat 4 Kanten.	Ein Zylinder hat **2** Kanten.
☒	Eine Kugel hat keine Kanten.	
☐	Alle Flächen eines Dreiecksprismas sind Dreiecke.	Nur **2** Flächen eines Dreiecksprismas sind Dreiecke.

185 a) Kegel

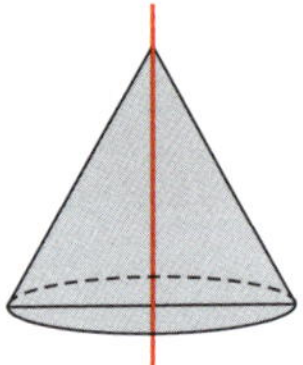

b) Kugel

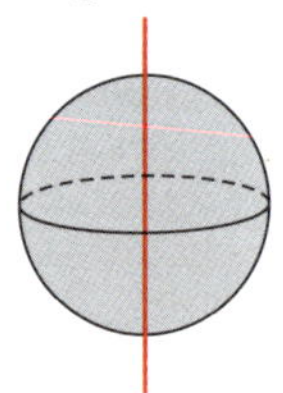

186 a) Nach links: Ecke A
Nach oben: Ecke D
Nach hinten: Ecke H
Nach rechts: Ecke **G**

b) Es gibt viele Möglichkeiten, hier sind 2 davon angegeben:
1. Nach hinten (Ecke F), nach links (Ecke E), nach oben (Ecke H)
2. Nach hinten (Ecke F), nach oben (Ecke G), nach links (Ecke H)

187

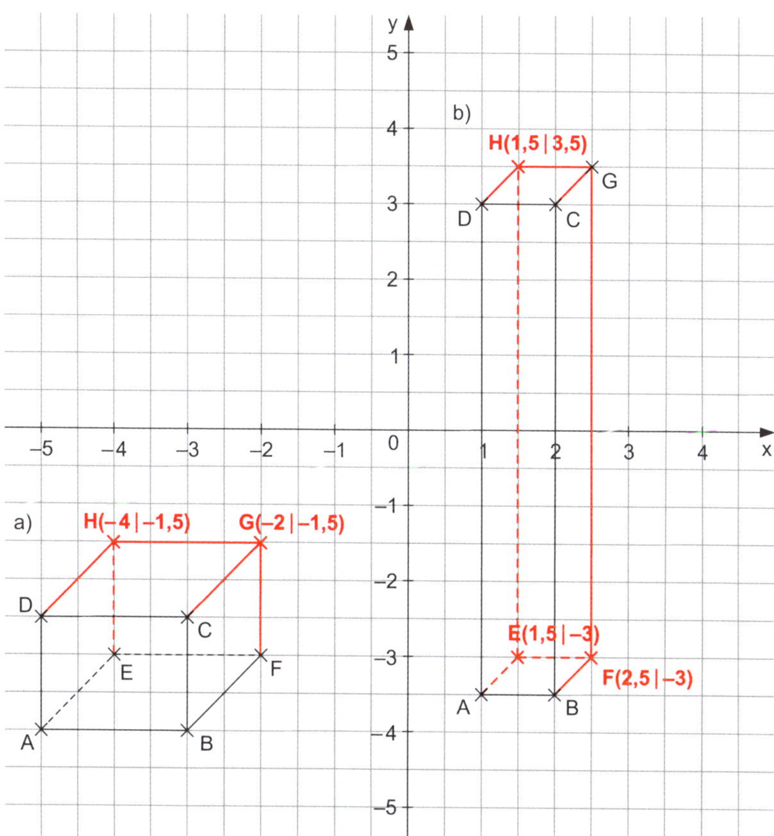
y
5
4
3
2
1
0
–1
–2
–3
–4
–5
x
–5
–4
–3
–2
–1
1
2
3
4
a)
H(–4 | –1,5)
G(–2 | –1,5)
D
C
E
F
A
B
b)
H(1,5 | 3,5)
G
D
C
E(1,5 | –3)
F(2,5 | –3)
A
B

188 a)

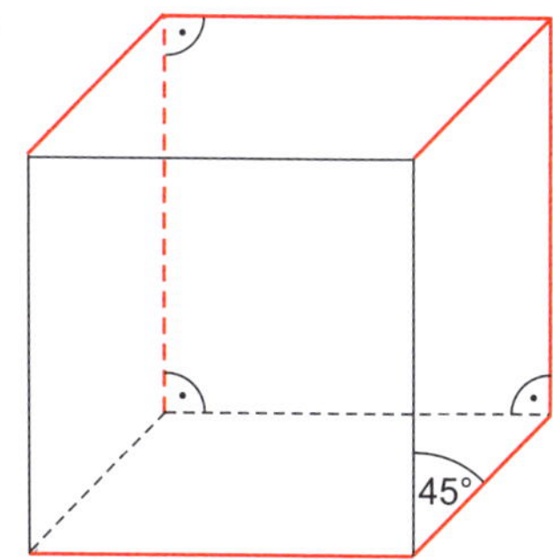
45°

b)

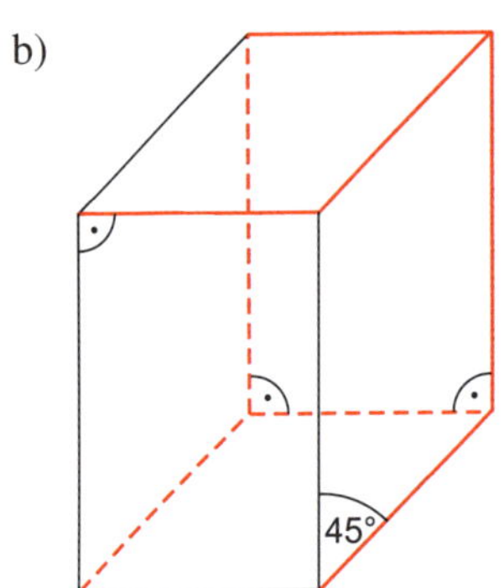

189 a) Die Kanten, die nach hinten verlaufen, wurden nicht halb so lang gezeichnet.

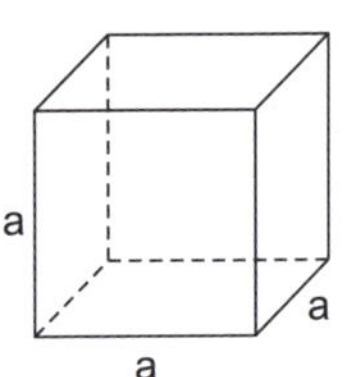

b) Die nicht sichtbaren Kanten wurden nicht gestrichelt.

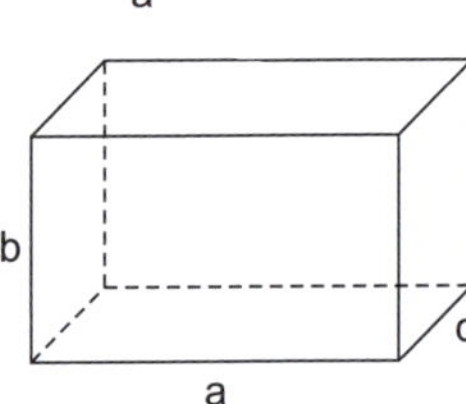

190 **A:** Würfel **B:** Quader **C:** Zylinder **D:** quadratische Pyramide
E: Würfel **F:** Quader **G:** Dreiecksprisma

191 a) Es gibt viele Möglichkeiten, das Netz zu vervollständigen.

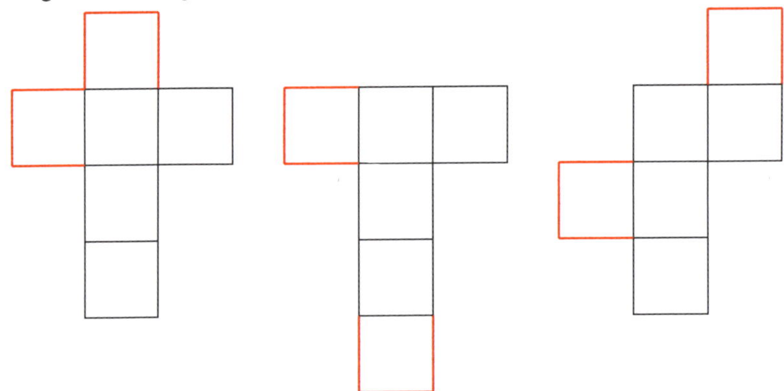

b) Es gibt mehrere Möglichkeiten.
Hier siehst du eine davon:

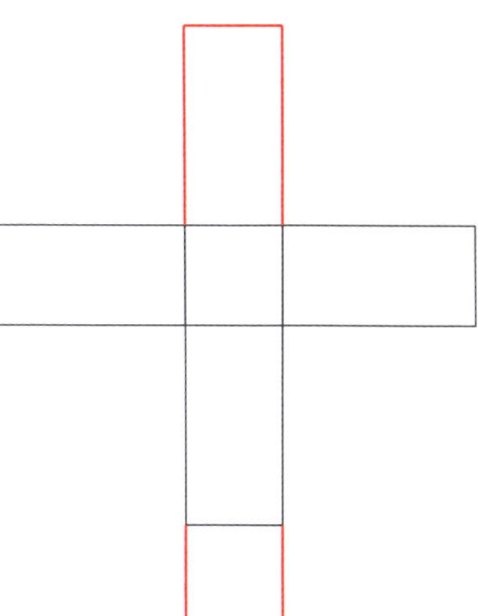

192 a)

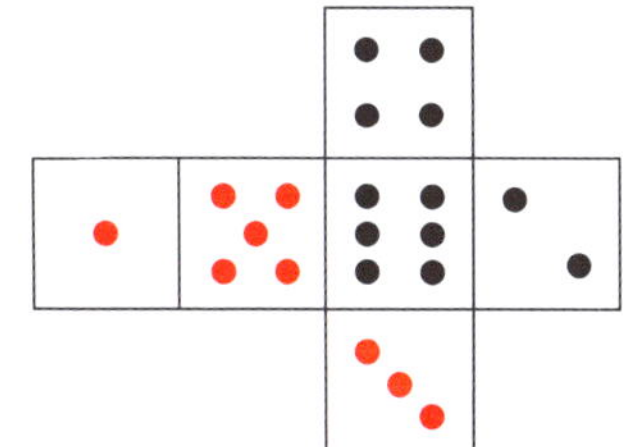

b)

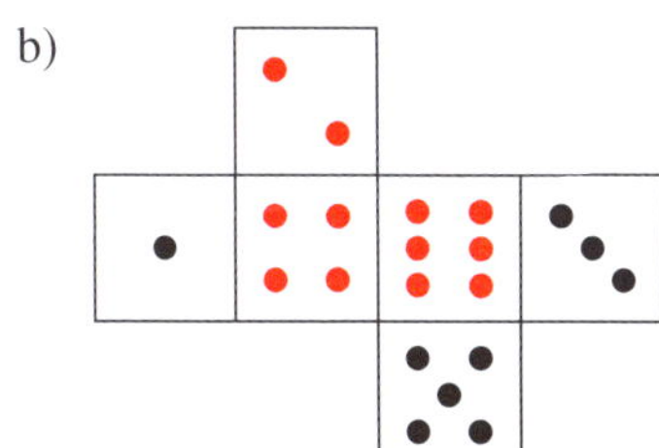

193 a) ja

b) nein — 2 Seitenflächen sind beim Zusammenfalten an derselben Stelle.

c) nein — Es gibt nicht je 2 gleich große Seitenflächen.

d) ja

194 a)

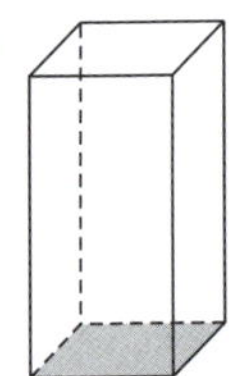

b)

195 a) $12\ dm^2 = \mathbf{1\,200}\ cm^2$

b) $3\,000\ dm^2 = \mathbf{30}\ m^2$

c) $25\ m^2 = \mathbf{250\,000}\ cm^2$

d) $500\ cm^2 = \mathbf{5}\ dm^2$

Die Umrechnungszahl bei Flächen ist 100.

196

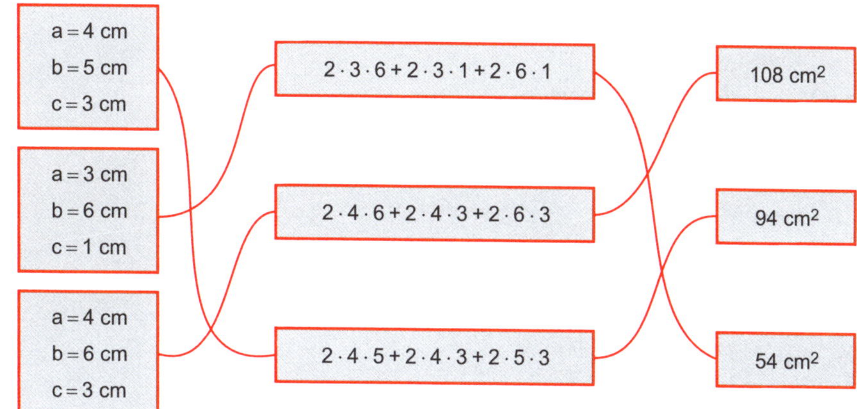

197 a) $O_{\text{Würfel}} = 6 \cdot a \cdot a$
$O_{\text{Würfel}} = 6 \cdot 1{,}5\ \text{cm} \cdot 1{,}5\ \text{cm}$
$O_{\text{Würfel}} = 13{,}5\ \text{cm}^2$

b) $O_{\text{Quader}} = 2 \cdot a \cdot b + 2 \cdot a \cdot c + 2 \cdot b \cdot c$
$O_{\text{Quader}} = 2 \cdot 2\ \text{cm} \cdot 1{,}5\ \text{cm} + 2 \cdot 2\ \text{cm} \cdot 1\ \text{cm} + 2 \cdot 1{,}5\ \text{cm} \cdot 1\ \text{cm}$
$O_{\text{Quader}} = 6\ \text{cm}^2 + 4\ \text{cm}^2 + 3\ \text{cm}^2$
$O_{\text{Quader}} = 13\ \text{cm}^2$

198 a) $O_{\text{Quader}} = 2 \cdot a \cdot b + 2 \cdot a \cdot c + 2 \cdot b \cdot c$
$O_{\text{Quader}} = 2 \cdot 30\ \text{cm} \cdot 8\ \text{cm} + 2 \cdot 30\ \text{cm} \cdot 5\ \text{cm} + 2 \cdot 8\ \text{cm} \cdot 5\ \text{cm}$ 3 dm = 30 cm
$O_{\text{Quader}} = 480\ \text{cm}^2 + 300\ \text{cm}^2 + 80\ \text{cm}^2$
$O_{\text{Quader}} = 860\ \text{cm}^2 = 8{,}6\ \text{dm}^2$

b) $O_{\text{Quader}} = 2 \cdot 4\ \text{m} \cdot 0{,}6\ \text{m} + 2 \cdot 4\ \text{m} \cdot 1\ \text{m} + 2 \cdot 0{,}6\ \text{m} \cdot 1\ \text{m}$ 6 dm = 0,6 m
$O_{\text{Quader}} = 4{,}8\ \text{m}^2 + 8\ \text{m}^2 + 1{,}2\ \text{m}^2$
$O_{\text{Quader}} = 14\ \text{m}^2 = 1\,400\ \text{dm}^2$

c) $O_{\text{Quader}} = 2 \cdot 5\ \text{cm} \cdot 8\ \text{cm} + 2 \cdot 5\ \text{cm} \cdot 12\ \text{cm} + 2 \cdot 8\ \text{cm} \cdot 12\ \text{cm}$ 50 mm = 5 cm
$O_{\text{Quader}} = 80\ \text{cm}^2 + 120\ \text{cm}^2 + 192\ \text{cm}^2$ 1,2 dm = 12 cm
$O_{\text{Quader}} = 392\ \text{cm}^2 = 3{,}92\ \text{dm}^2 = 39\,200\ \text{mm}^2$

199 a) $O_{\text{Würfel}} = 6 \cdot a \cdot a$
$O_{\text{Würfel}} = 6 \cdot 3\ \text{cm} \cdot 3\ \text{cm}$
$O_{\text{Würfel}} = 54\ \text{cm}^2$

b) $O_{Würfel} = 6 \cdot 2{,}5\ cm \cdot 2{,}5\ cm$
$O_{Würfel} = 37{,}5\ cm^2$

c) $O_{Würfel} = 6 \cdot 1{,}5\ cm \cdot 1{,}5\ cm$
$O_{Würfel} = 13{,}5\ cm^2$

d) $O_{Würfel} = 6 \cdot 1{,}8\ cm \cdot 1{,}8\ cm$
$O_{Würfel} = 19{,}44\ cm^2$

200 **Oberfläche 24 Würfel:**

$O_{24\ Würfel} = 24 \cdot 6 \cdot a \cdot a$
$O_{24\ Würfel} = 24 \cdot 6 \cdot 4\ cm \cdot 4\ cm$
$O_{24\ Würfel} = 2\,304\ cm^2$

Flächeninhalt eines Tonpapierbogens:

$A_{Tonpapier} = a \cdot b$
$A_{Tonpapier} = 20\ cm \cdot 30\ cm$
$A_{Tonpapier} = 600\ cm^2$

$2\,304\ cm^2 : 600\ cm^2 = 3{,}84$

Lena muss mindestens 4 Tonpapierbögen kaufen.

201 $O_{Quader} = 2 \cdot a \cdot b + 2 \cdot a \cdot c + 2 \cdot b \cdot c$
$O_{Quader} = 2 \cdot 3\ cm \cdot 6\ cm + 2 \cdot 3\ cm \cdot 5\ cm + 2 \cdot 6\ cm \cdot 5\ cm$
$O_{Quader} = 36\ cm^2 + 30\ cm^2 + 60\ cm^2$
$O_{Quader} = 126\ cm^2$

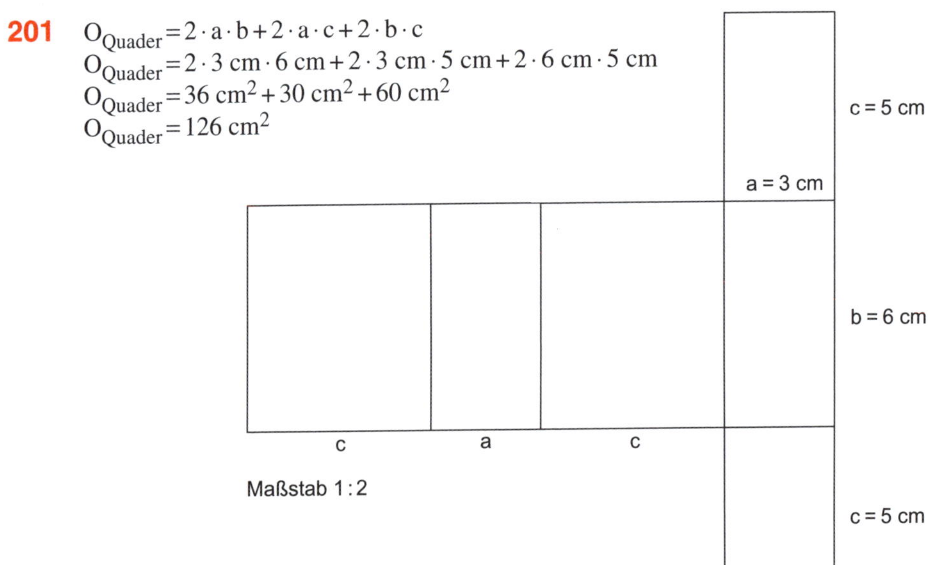

202 $O_{Erlebnisbecken} = 25\text{ m} \cdot 20\text{ m} + 2 \cdot 25\text{ m} \cdot 1{,}4\text{ m}$
$+ 2 \cdot 20\text{ m} \cdot 1{,}4\text{ m}$
$O_{Erlebnisbecken} = 500\text{ m}^2 + 70\text{ m}^2 + 56\text{ m}^2$
$O_{Erlebnisbecken} = 626\text{ m}^2$

Bei der Berechnung der Oberfläche fällt jeweils der „Deckel" weg, da dieser nicht gefliest wird.

$O_{Planschbecken} = 10\text{ m} \cdot 10\text{ m} + 2 \cdot 10\text{ m} \cdot 0{,}3\text{ m}$
$+ 2 \cdot 10\text{ m} \cdot 0{,}3\text{ m}$
$O_{Planschbecken} = 100\text{ m}^2 + 6\text{ m}^2 + 6\text{ m}^2$
$O_{Planschbecken} = 112\text{ m}^2$

3 dm = 0,3 m

$O_{gesamt} = 626\text{ m}^2 + 112\text{ m}^2$
$O_{gesamt} = 738\text{ m}^2$

Für beide Becken zusammen werden mindestens 738 m² Fliesen benötigt.

203 $O_{Kellerraum} = 3\text{ m} \cdot 2{,}5\text{ m} + 2 \cdot 3\text{ m} \cdot 2{,}5\text{ m} + 2 \cdot 2{,}5\text{ m} \cdot 2{,}5\text{ m}$
$O_{Kellerraum} = 7{,}5\text{ m}^2 + 15\text{ m}^2 + 12{,}5\text{ m}^2$
$O_{Kellerraum} = 35\text{ m}^2$

Der Boden wird nicht gestrichen.

Da die Farbe für 40 m² reicht, kann der Kellerraum komplett damit gestrichen werden.

204 a) $O = 24\text{ cm}^2 \rightarrow a = 2\text{ cm}$

Oberfläche eines Würfels: $6 \cdot a \cdot a$
$6 \cdot 2\text{ cm} \cdot 2\text{ cm} = 24\text{ cm}^2$

b) $O = 96\text{ cm}^2 \rightarrow a = 4\text{ cm}$

$6 \cdot 4\text{ cm} \cdot 4\text{ cm} = 96\text{ cm}^2$

c) $O = 126\text{ cm}^2$
a = 3 cm; b = 5 cm; c = 6 cm oder
a = 2 cm; b = 5 cm; c = 7 cm

Oberfläche eines Quaders:
$2 \cdot a \cdot b + 2 \cdot a \cdot c + 2 \cdot b \cdot c$
Die Lösung kannst du durch Probieren finden.

Alle Quader, bei denen $a + b + c = 14$ cm gilt, haben die Oberfläche 126 cm².

205 a) $3\text{ m}^3 = 3\,000\text{ dm}^3$

b) $0{,}4\text{ m}^3 = 400\text{ dm}^3$

c) $12\text{ dm}^3 = 12\,000\text{ cm}^3$

d) $0{,}5\text{ cm}^3 = 500\text{ mm}^3$

e) $0{,}02\text{ cm}^3 = 20\text{ mm}^3$

f) $0{,}001\text{ dm}^3 = 1\text{ cm}^3$

206 a) $2\,000\text{ cm}^3 = 2\text{ dm}^3$

b) $350\text{ dm}^3 = 0{,}35\text{ m}^3$

c) $50\text{ cm}^3 = 0{,}05\text{ dm}^3$

d) $32\text{ mm}^3 = 0{,}032\text{ cm}^3$

e) $15\,500\text{ cm}^3 = 15{,}5\text{ dm}^3$

f) $123\,500\text{ mm}^3 = 123{,}5\text{ cm}^3$

207 **Benötigte Menge an Sand:**
$0{,}2\text{ m}^3 = 200\text{ dm}^3$

Gekaufte Menge an Sand:
$12 \cdot 15\text{ dm}^3 = 180\text{ dm}^3$

Der Sandkasten kann mit den 12 Säcken nicht vollständig gefüllt werden.
Es fehlen 20 dm³ Sand. Timmys Vater muss also noch 2 Säcke kaufen.

208 a) falsch, richtig ist: $12\ \ell = 12\text{ dm}^3$

b) falsch, richtig ist: $2\,500\ \ell = 2\,500\text{ dm}^3 = 2{,}5\text{ m}^3$

c) richtig

d) falsch, richtig ist: $\frac{1}{4}\ \ell = 0{,}25\text{ dm}^3 = 250\text{ cm}^3$

e) richtig

f) falsch, richtig ist: $100\ \ell = 100\text{ dm}^3 = 0{,}1\text{ m}^3$

209 Lösungswort: **F E R R A R I**

$15\text{ m}^3 \rightarrow$ Lkw; $1{,}5\ h\ell \rightarrow$ Kühlschrank

210 a) Der Körper setzt sich aus $4 \cdot 4 \cdot 4 = 64$ Würfeln zusammen.

b) Der Körper setzt sich aus $5 \cdot 3 \cdot 3 = 45$ Würfeln zusammen.

211 a) Der vollständige Quader würde aus $4 \cdot 4 \cdot 3 = 48$ Würfeln bestehen.
Es sind aber nur 21 Würfel aufgebaut.
$48 - 21 = 27$
Es müssen 27 kleine Würfel ergänzt werden.

b) Der vollständige Quader würde aus $5 \cdot 4 \cdot 4 = 80$ Würfeln bestehen.
Es sind aber nur 34 Würfel aufgebaut.
$80 - 34 = 46$
Es müssen 46 kleine Würfel ergänzt werden.

212 a) $V_{Würfel} = a \cdot a \cdot a$
$V_{Würfel} = 5\ cm \cdot 5\ cm \cdot 5\ cm$
$V_{Würfel} = 125\ cm^3$

b) $V_{Würfel} = 12\ cm \cdot 12\ cm \cdot 12\ cm$
$V_{Würfel} = 1\,728\ cm^3$

c) $V_{Würfel} = 15\ cm \cdot 15\ cm \cdot 15\ cm$
$V_{Würfel} = 3\,375\ cm^3$

d) $V_{Würfel} = 10\ cm \cdot 10\ cm \cdot 10\ cm$
$V_{Würfel} = 1\,000\ cm^3$

213 a) ☐ 6 ☒ 8 ☐ 9 ☐ 12 ☐ 15 ☐ 25 ☒ 27

b) Man kann z. B. aus 64 $(4 \cdot 4 \cdot 4)$, 125 $(5 \cdot 5 \cdot 5)$, 216 $(6 \cdot 6 \cdot 6)$ und 1 000 $(10 \cdot 10 \cdot 10)$ Holzwürfeln große Würfel bauen.

214 $V_{Quader} = a \cdot b \cdot c$

$V_A = 4\ cm \cdot 2\ cm \cdot 2\ cm$
$V_A = 16\ cm^3$

$V_B = 4\ cm \cdot 1\ cm \cdot 2\ cm$
$V_B = 8\ cm^3$

$V_C = 1\ cm \cdot 4{,}5\ cm \cdot 1\ cm$
$V_C = 4{,}5\ cm^3$

$V_D = 1{,}5\ cm \cdot 5\ cm \cdot 3\ cm$
$V_D = 22{,}5\ cm^3$

215

	Seitenlänge a	Seitenlänge b	Seitenlänge c	Oberfläche	Volumen
a)	12 cm	8 cm	4 cm	**352 cm²**	**384 cm³**
b)	120 cm = 12 dm	8 dm	1,2 m = 12 dm	**672 dm²**	**1 152 dm³**
c)	7 cm	5 cm	**6 cm**	**214 cm²**	210 cm³
d)	**3 cm**	4 cm	6 cm	**108 cm²**	72 cm³

a) $V = a \cdot b \cdot c$
$V = 12\ cm \cdot 8\ cm \cdot 4\ cm$
$V = 384\ cm^3$

$O = 2 \cdot a \cdot b + 2 \cdot a \cdot c + 2 \cdot b \cdot c$
$O = 2 \cdot 12\ cm \cdot 8\ cm + 2 \cdot 12\ cm \cdot 4\ cm + 2 \cdot 8\ cm \cdot 4\ cm$
$O = 192\ cm^2 + 96\ cm^2 + 64\ cm^2$
$O = 352\ cm^2$

b) $V = 12\ dm \cdot 8\ dm \cdot 12\ dm$
$V = 1\ 152\ dm^3$

$O = 2 \cdot 12\ dm \cdot 8\ dm + 2 \cdot 12\ dm \cdot 12\ dm + 2 \cdot 8\ dm \cdot 12\ dm$
$O = 192\ cm^2 + 288\ cm^2 + 192\ cm^2$
$O = 672\ dm^2$

c) $V = a \cdot b \cdot c$
$210\ cm^3 = 7\ cm \cdot 5\ cm \cdot c$
$210\ cm^3 = 35\ cm \cdot c$
$c = 6\ cm$

$O = 2 \cdot 7\ cm \cdot 5\ cm + 2 \cdot 7\ cm \cdot 6\ cm + 2 \cdot 5\ cm \cdot 6\ cm$
$O = 70\ cm^2 + 84\ cm^2 + 60\ cm^2$
$O = 214\ cm^2$

d) $V = a \cdot b \cdot c$
$72\ cm^3 = a \cdot 4\ cm \cdot 6\ cm$
$72\ cm^3 = a \cdot 24\ cm$
$a = 3\ cm$

$O = 2 \cdot 3\ cm \cdot 4\ cm + 2 \cdot 3\ cm \cdot 6\ cm + 2 \cdot 4\ cm \cdot 6\ cm$
$O = 24\ cm^2 + 36\ cm^2 + 48\ cm^2$
$O = 108\ cm^2$

216 Mögliche Lösungen:
$4\ cm \cdot 4\ cm \cdot 5\ cm = 80\ cm^3 \Rightarrow a = 4\ cm \quad b = 4\ cm \quad c = 5\ cm$
$10\ cm \cdot 2\ cm \cdot 4\ cm = 80\ cm^3 \Rightarrow a = 10\ cm \quad b = 2\ cm \quad c = 4\ cm$
$2\ cm \cdot 2\ cm \cdot 20\ cm = 80\ cm^3 \Rightarrow a = 2\ cm \quad b = 2\ cm \quad c = 20\ cm$

217 **Frage:** Welches Volumen hat ein Karton, in den alle 20 Videokassetten passen?
$V = 20 \cdot 20\ cm \cdot 10{,}5\ cm \cdot 2{,}8\ cm$
$V = 11\ 760\ cm^3$
Der Karton hat ein Volumen von $11\ 760\ cm^3$.

218 $V_{Carry\ On} = 51\ cm \cdot 33\ cm \cdot 23\ cm$
$V_{Carry\ On} = 38\ 709\ m^3 = 38{,}709\ dm^3 \approx 39\ \ell$

$V_{Easy\ Carry} = 45\ cm \cdot 32\ cm \cdot 19\ cm$
$V_{Easy\ Carry} = 27\ 360\ cm^3 = 27{,}36\ dm^3 \approx 27\ \ell$

Der Rucksack „Carry On" liegt mit 39 Litern etwas über den angegebenen 35 Litern, der Rucksack „Easy Carry" liegt mit 27 Litern deutlich unter den angegebenen 35 Litern.

219 **Volumen des Aquariums:**
$V = 9\ dm \cdot 5\ dm \cdot 6\ dm$
$V = 270\ dm^3 = 270\ \ell$

Da $1\ dm^3 = 1\ \ell$, ist es günstig, gleich in dm zu rechnen.

Anzahl der benötigten Wassereimer:
$270\ \ell : 8\ \ell = 33{,}75$

Markus muss den Eimer 34-mal mit Wasser füllen.

220 $V = 8\ 749 \cdot 12\ m \cdot 2{,}6\ m \cdot 2{,}4\ m$
$V = 655\ 125{,}12\ m^3$

Das Containerschiff hat ein Stauvolumen von $655\ 125{,}12\ m^3$.

221 a) $V = 7{,}5\ cm \cdot 15\ cm \cdot 5\ cm$
$V = 562{,}5\ cm^3$

b) $V = 10\ cm \cdot 20\ cm \cdot 10\ cm$
$V = 2\ 000\ cm^3$

222 Mögliche Lösungen:

1. Quader: $a = 3\ cm$; $b = 4\ cm$; $c = 5\ cm$
$V = a \cdot b \cdot c$
$V = 3\ cm \cdot 4\ cm \cdot 5\ cm$
$V = 60\ cm^3$

$O = 2 \cdot a \cdot b + 2 \cdot a \cdot c + 2 \cdot b \cdot c$
$O = 2 \cdot 3\ cm \cdot 4\ cm + 2 \cdot 3\ cm \cdot 5\ cm + 2 \cdot 4\ cm \cdot 5\ cm$
$O = 24\ cm^2 + 30\ cm^2 + 40\ cm^2$
$O = 94\ cm^2$

2. Quader: $a = 3\ cm$; $b = 2\ cm$; $c = 10\ cm$
$V = 3\ cm \cdot 2\ cm \cdot 10\ cm$
$V = 60\ cm^3$

$O = 2 \cdot 3\ cm \cdot 2\ cm + 2 \cdot 3\ cm \cdot 10\ cm + 2 \cdot 2\ cm \cdot 10\ cm$
$O = 12\ cm^2 + 60\ cm^2 + 40\ cm^2$
$O = 112\ cm^2$

223 a) $V = 2 \cdot a \cdot b \cdot c$
$V = 2 \cdot 5\ cm \cdot 2\ cm \cdot 20\ cm$
$V = 400\ cm^3$

b) $V = 4 \cdot a \cdot b \cdot c$
$V = 4 \cdot 5\ cm \cdot 2\ cm \cdot 20\ cm$
$V = 800\ cm^3$

224 **Berechnung des oberen Quaders:**
$V = 4\ cm \cdot 1\ cm \cdot 1\ cm$
$V = 4\ cm^3$

Teile den Körper in 2 Quader und einen Würfel.

Berechnung des Würfels in der Mitte:
$V = 1\ cm \cdot 1\ cm \cdot 1\ cm$
$V = 1\ cm^3$

Berechnung des unteren Quaders:
$V = 5\ cm \cdot 1\ cm \cdot 1\ cm$
$V = 5\ cm^3$

Berechnung des Gesamtvolumens:
$V_{ges} = 4\ cm^3 + 1\ cm^3 + 5\ cm^3$
$V_{ges} = 10\ cm^3$
Der Körper hat ein Gesamtvolumen von $10\ cm^3$.

225 a) Der Hund ist das beliebteste Haustier, ihn haben die meisten Schülerinnen und Schüler (30) genannt.

b) Wellensittich: 10; Hund: 30; Katze: 15; Fische: 15; Hamster: 25
$10 + 30 + 15 + 15 + 25 = 95$

Es wurden 95 Schülerinnen und Schüler befragt.

c) Mögliche Lösung:
Der Hund ist das beliebteste Haustier
Eine Umfrage unter 95 Schülerinnen und Schülern ergab, dass der Hund das beliebteste Haustier bei den Jugendlichen ist. Der Hamster wurde mit 25 Stimmen am zweithäufigsten genannt. Fische und Katzen teilen sich mit jeweils 15 Stimmen Platz 3. Auf dem letzten Platz landete der Wellensittich mit 10 Nennungen.

226 a) Das linke Diagramm zeigt den **Absatz** von Smartphones, d. h. die Anzahl der verkauften Smartphones. Das rechte Diagramm zeigt, wie viel **Umsatz** mit den verkauften Smartphones gemacht wurde.

b) 2014 wurde mit Smartphones ein Umsatz von 8,5 Mrd. € gemacht.

rechtes Diagramm

c) Im Jahr 2015 wurden 26 200 000 Smartphones verkauft.

linkes Diagramm
26,2 Mio. = 26 200 000

d) Im Jahr 2015 wurden 2 Mio. Smartphones mehr verkauft als im Jahr 2016.

26,2 Mio. – 24,2 Mio. = 2 Mio.

e) Da seit 2016 wieder mehr Umsatz mit Smartphones gemacht wird und auch der Titel des Diagramms darauf hindeutet, denke ich, dass im Jahr 2018 ca. 10 Mrd. € Umsatz mit Smartphones gemacht wird.

Es gibt hier kein Richtig oder Falsch. Wichtig ist bei dieser Aufgabe aber, dass du deine Meinung begründest.

227 a) Die meisten Jugendlichen (die Hälfte der Klasse) nutzen den Computer am häufigsten zum Spielen.

b) 6 Schülerinnen und Schüler (ein Viertel der Klasse) nutzen den Computer am häufigsten zum Surfen.

c) individuelle Lösungen

228 a) Augsburg hat in 3 Jahren (14/15, 16/17 und 17/18) besser als Mainz abgeschnitten.

b) Augsburg hat in der Saison 12/13 mit dem 15. Tabellenplatz am schlechtesten abgeschnitten. Mainz hat in der Saison 16/17 mit dem 15. Tabellenplatz am schlechtesten abgeschnitten.

c)

Saison	**12/13**	**13/14**	**14/15**	**15/16**	**16/17**	**17/18**
Tabellenplatz Borussia Dortmund	2	2	7	2	3	4
Tabellenplatz FSV Mainz 05	13	7	11	6	15	14
Tabellenplatz FC Augsburg	15	8	5	12	13	12

d) 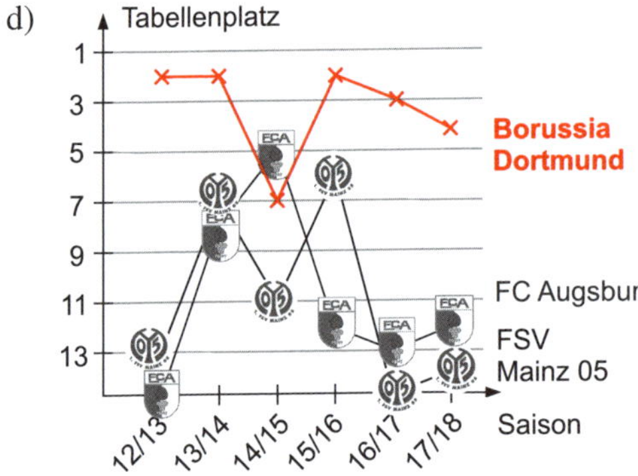

229 a) Die höchste Stelle (mit ca. 850 Höhenmetern) befindet sich zwischen Kilometer 20 und 21.

b) 850 m − 480 m = 370 m

Der Höhenunterschied zwischen dem höchsten und dem niedrigsten Punkt (bei km 0) der Strecke beträgt 370 m.

c) Auf einer Runde werden 30 km zurückgelegt.

d) Die längste Steigung befindet sich zwischen dem Start und Kilometer 6,5.

230 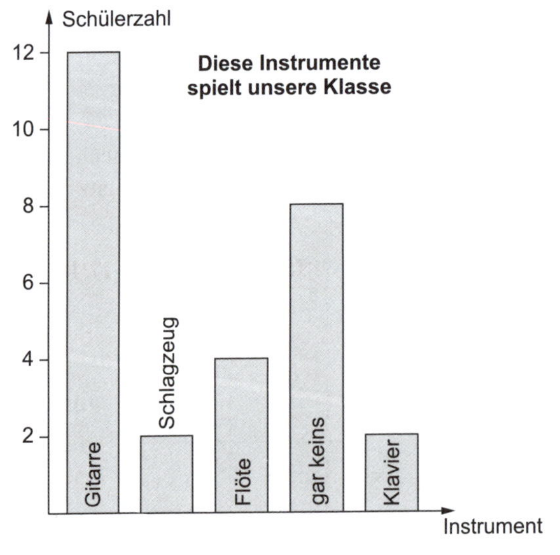

Ein Schüler entspricht hier 0,5 cm.

231 a)

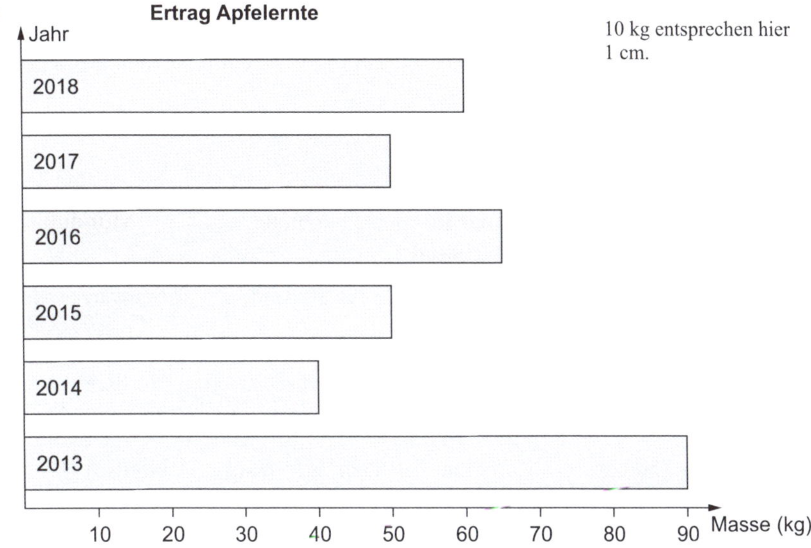

10 kg entsprechen hier 1 cm.

b) Im Jahr 2013 wurde mit 90 kg am meisten, 2014 mit 40 kg am wenigsten geerntet.

c) Von 2013 auf 2014 ist der Ertrag am stärksten gesunken (um 50 kg).

232 a)

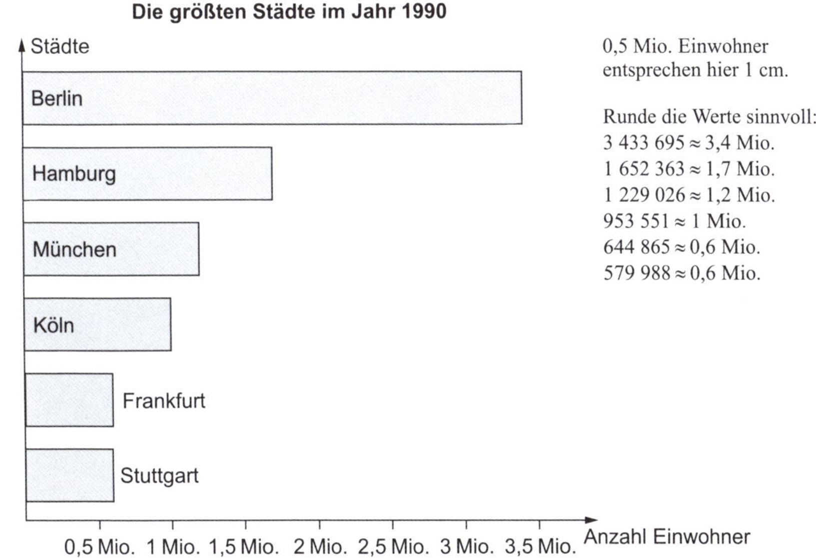

0,5 Mio. Einwohner entsprechen hier 1 cm.

Runde die Werte sinnvoll:
3 433 695 ≈ 3,4 Mio.
1 652 363 ≈ 1,7 Mio.
1 229 026 ≈ 1,2 Mio.
953 551 ≈ 1 Mio.
644 865 ≈ 0,6 Mio.
579 988 ≈ 0,6 Mio.

b) $900\ km^2 + 800\ km^2 + 300\ km^2 + 400\ km^2 + 200\ km^2 + 200\ km^2 = 2\,800\ km^2$

c) 3,4 Mio. + 1,8 Mio. + 1,3 Mio. + 1 Mio. + 0,7 Mio. + 0,6 Mio. = 8,8 Mio.

d) In Hamburg ist die Einwohnerzahl von 1990 bis 2010 am meisten gestiegen (um 121 861 Einwohner).

e) individuelle Lösungen

233 a)

Fluss	Gesamtlänge	Länge in Deutschland	Quelle	Mündung
Donau	2 857 km	647 km	Schwarzwald	Schwarzes Meer
Rhein	1 233 km	865 km	Schweiz	Nordsee
Elbe	1 245 km	727 km	Tschechische Rep.	Nordsee
Oder	1 045 km	179 km	Tschechische Rep.	Ostsee
Weser	750 km	750 km	Thüringer Wald	Nordsee

b)

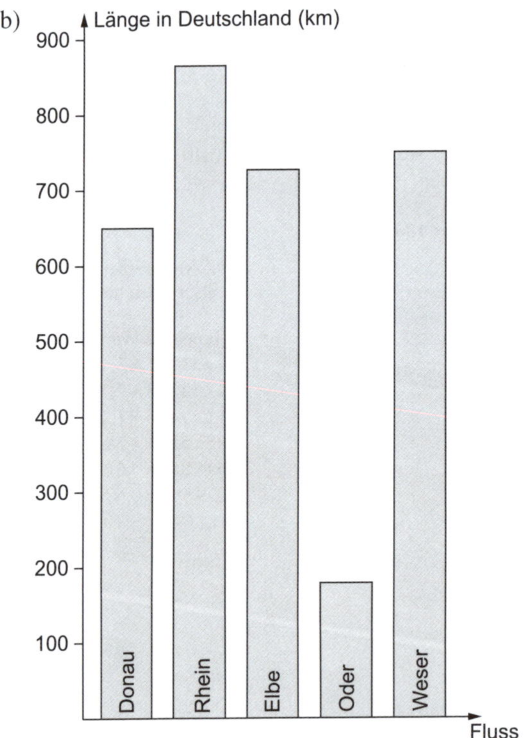

100 km entsprechen hier 1 cm.

234 $1{,}46\ \text{m} + 1{,}41\ \text{m} + 1{,}38\ \text{m} + 1{,}64\ \text{m} + 1{,}61\ \text{m} + 1{,}50\ \text{m} = 9\ \text{m}$
$9\ \text{m} : 6 = 1{,}50\ \text{m}$

Die durchschnittliche Körpergröße der Tischtennismannschaft beträgt 1,50 m; damit liegt Elias mit 1,46 m knapp unter der durchschnittlichen Körpergröße.

235 a) **Durchschnittsalter Deutschland:**
$22 + 23 + 24 + 24 + 25 + 26 + 28 + 28 + 28 + 29 + 29 = 286$
$286 : 11 = 26$

Durchschnittsalter England:
$17 + 19 + 24 + 24 + 24 + 27 + 30 + 32 + 32 + 34 + 34 = 297$
$297 : 11 = 27$

b) Mögliche Lösung:
Meiner Meinung nach hat Deutschland die jüngere Mannschaft, weil sie den geringeren Altersdurchschnitt hat und auch kein Spieler über 30 Jahre alt ist.

Es gibt hier kein Richtig oder Falsch. Wichtig ist bei dieser Aufgabe aber, dass du deine Meinung begründest.

236 a) **6a:** $3 \cdot 1 + 4 \cdot 2 + 3 \cdot 3 + 8 \cdot 4 + 4 \cdot 5 + 2 \cdot 6 = 3 + 8 + 9 + 32 + 20 + 12 = 84$
$84 : (3 + 4 + 3 + 8 + 4 + 2) = 84 : 24 = 3{,}5$

6b: $0 \cdot 1 + 2 \cdot 2 + 7 \cdot 3 + 10 \cdot 4 + 1 \cdot 5 + 0 \cdot 6 = 4 + 21 + 40 + 5 = 70$
$70 : (2 + 7 + 10 + 1) = 70 : 20 = 3{,}5$

b) Mögliche Lösung:
Obwohl beide Klassen den gleichen Notendurchschnitt haben, finde ich, dass die 6a besser abgeschnitten hat, weil 3 Schüler eine 1 und 4 Schüler eine 2 geschrieben haben.

Es gibt hier kein Richtig oder Falsch. Wichtig ist bei dieser Aufgabe aber, dass du deine Meinung begründest.

237 **München:** $6\ °C + 5\ °C + 4\ °C - 5\ °C - 7\ °C - 1\ °C + 1{,}5\ °C = 3{,}5\ °C$
$3{,}5\ °C : 7 = 0{,}5\ °C$

Stuttgart: $-3{,}5\ °C - 2\ °C + 1\ °C - 3\ °C + 1{,}5\ °C + 1{,}5\ °C - 2{,}5\ °C = -7\ °C$
$-7\ °C : 7 = -1\ °C$

Freiburg: $1\ °C - 2\ °C - 1{,}5\ °C - 1\ °C + 1\ °C + 1{,}5\ °C - 2{,}5\ °C = -3{,}5\ °C$
$-3{,}5\ °C : 7 = -0{,}5\ °C$

Bamberg: $-3\ °C - 1{,}5\ °C + 1{,}5\ °C + 3\ °C + 4\ °C - 2{,}5\ °C - 5\ °C = -3{,}5\ °C$
$-3{,}5\ °C : 7 = -0{,}5\ °C$

München hat mit einer Durchschnittstemperatur von +0,5 °C den höchsten Temperaturdurchschnitt und Stuttgart mit –1 °C den niedrigsten.

238 a) $65\ \text{km} \cdot 5 = 325\ \text{km}$

Jonas und Marie sind in den 5 Tagen insgesamt 325 km gefahren.

b) Mögliche Lösung:

Montag	Dienstag	Mittwoch	Donnerstag	Freitag	Gesamtkilometer
65 km	65 km	65 km	65 km	65 km	325 km
70 km	60 km	70 km	60 km	65 km	325 km
70 km	80 km	100 km	15 km	60 km	325 km

239 a) Der Bus braucht von Wellingdorf bis zum Krooger Kamp 19 Minuten (von 5:31 Uhr bis 5:50 Uhr).

b) Der erste Bus am Tag fährt um 5:36 Uhr vom Rosenweg los.

c) Aylin muss spätestens um 10:49 Uhr am Rosenweg losfahren, damit sie um 10:56 Uhr am Liesenhörnweg ist.

d) Linus muss um 7:19 Uhr an der Rosenfelder Straße einsteigen, damit er um 7:34 Uhr am Schulzentrum ankommt und pünktlich in der Schule ist.

e) Die Busse fahren um 15:42 Uhr, 16:42 Uhr und 17:42 Uhr am Klosterweg ab.

f) individuelle Lösungen

240 a) Ein 15-jähriger Junge muss 21,50 € für eine Tageskarte bezahlen.

b) Ein Erwachsener muss 68,00 € für eine 2-Tage-Karte bezahlen.

c) Der Preisunterschied zwischen einem Kind und einem Jugendlichen bei einer 2,5-Tage-Karte beträgt 61,00 € – 48,50 € = 12,50 €.

d) 329 € : 29,50 € = 11,15

Melanie müsste mindestens 12-mal im Jahr Ski fahren, damit sich die Saisonkarte lohnen würde.

e) **Familienkarte für 2 Tage:** 86,50 €

Einzelkarten:

2 Erwachsene: 2 · 68 € = 136 €

2 Kinder: 2 · 32 € = 64 €

136 € + 64 € = 200 €

200 € – 86,50 € = 113,50 €

Die Familie spart mit der Familienkarte 113,50 €.

f) individuelle Lösungen

241 a)

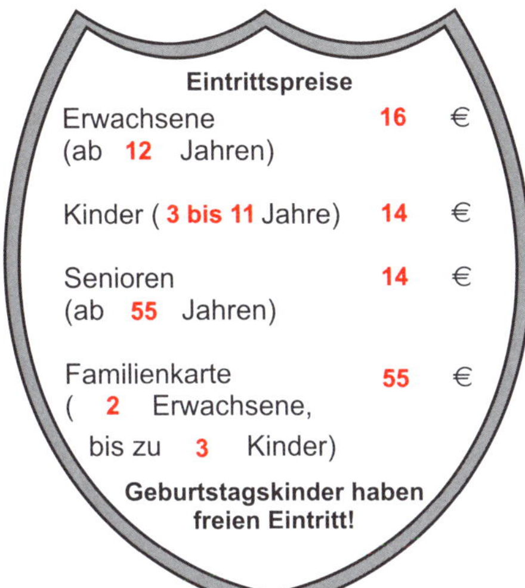

b) 2 Erwachsene: 32 €
2 Kinder: 28 €
zusammen: 60 €

Ab 2 Kindern lohnt sich die Familienkarte, die Familie spart dann bereits 5 €.

c) Chrissi zahlt 14 €. Anna-Lena zahlt als Geburtstagskind nichts.
Feli zahlt 16 €.
Die Mutter zahlt 16 €.

14 € + 16 € + 16 € = 46 €

Der Eintritt kostet für die 4 Personen insgesamt 46 €.

242 a) Die gefahrene Strecke ist auf der Karte ca. 16 cm lang.

2 cm ≙ 100 km
16 cm ≙ 800 km

Der Transport legte etwa 800 km zurück.

b) kürzeste Strecke:
Karlsruhe – Frankfurt – Kassel – Göttingen – Hannover (Hildesheim) – Uelzen – Lüneburg – Gorleben
Länge: ca. 12 cm
2 cm ≙ 100 km
12 cm ≙ 600 km

Der Umweg betrug ca. 200 km.

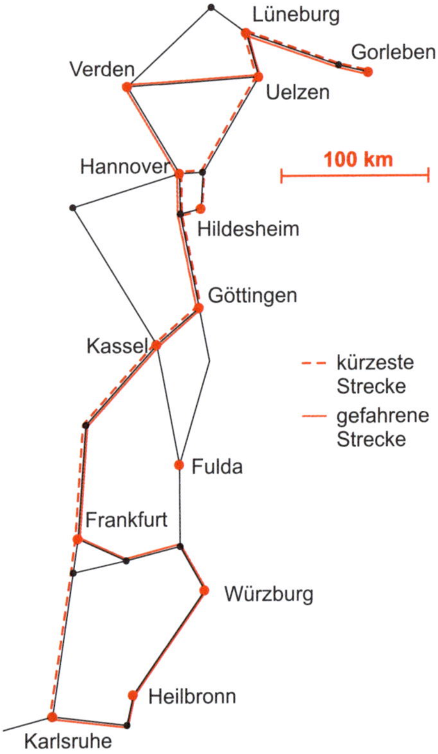

243 Die 200 cm lange Dachrinne kostet
13,57 € : 2 ≈ 6,79 € pro 100 cm.

Die 300 cm lange Rinne kostet
19,14 € : 3 = 6,38 € pro 100 cm.

Die günstigste Lösung ist also eine Kombination aus zwei 300 cm langen Rinnen und einer 100 cm langen Rinne.

2 · 19,14 € + 6,55 € = 44,83 €

Herr Hauer sollte 2-mal die 300 cm lange und einmal die 100 cm lange Dachrinne kaufen. Er muss dafür 44,83 € bezahlen.

244 6 · 50 g = 300 g
6 · 200 g = 1 200 g
6 · 250 g = 1 500 g

Löse durch Überlegen und Ausprobieren.

Wenn man von jeder Sorte 6 Stück herstellt, werden die 3 kg genau verbraucht.

245 a) 20 Schüler je 1,5 ℓ : 20 · 1,5 ℓ = 30 ℓ

Es werden insgesamt 30 ℓ an Getränken benötigt, das entspricht 60 Flaschen zu je 0,5 ℓ.

Mögliche Lösungen:

Limonade	**Apfelschorle**	**Wasser**	**Kosten**
20 Flaschen 20 · 0,80 € = 16 €	20 Flaschen 20 · 0,70 € = 14 €	20 Flaschen 20 · 0,40 € = 8 €	38 €
10 Flaschen 10 · 0,80 € = 8 €	20 Flaschen 20 · 0,70 € = 14 €	30 Flaschen 30 · 0,40 € = 12 €	34 €
30 Flaschen 30 · 0,80 € = 24 €	12 Flaschen 12 · 0,70 € = 8,40 €	18 Flaschen 18 · 0,40 € = 7,20 €	39,60 €

b) **teuerste Zusammenstellung:** 60 Flaschen Limonade
60 · 0,80 € = 48 €

günstigste Zusammenstellung: 60 Flaschen Wasser
60 · 0,40 € = 24 €

246 **Frage:** Wie teuer sind 22 Nikolausmützen?

	Anzahl Mützen	Preis	
:4	4	6 €	:4
·22	1	1,50 €	·22
	22	33 €	

Berechne zuerst, wie viel eine Mütze kostet.

Markus muss für 22 Nikolausmützen 33 € bezahlen.

247 Mögliche Lösung

Zeit in min	1	2	3	4	**5**	6	7	8	9	10
Wasser in ℓ	0,5	1	1,5	2	**2,5**	3	3,5	4	4,5	5

·2

: 5

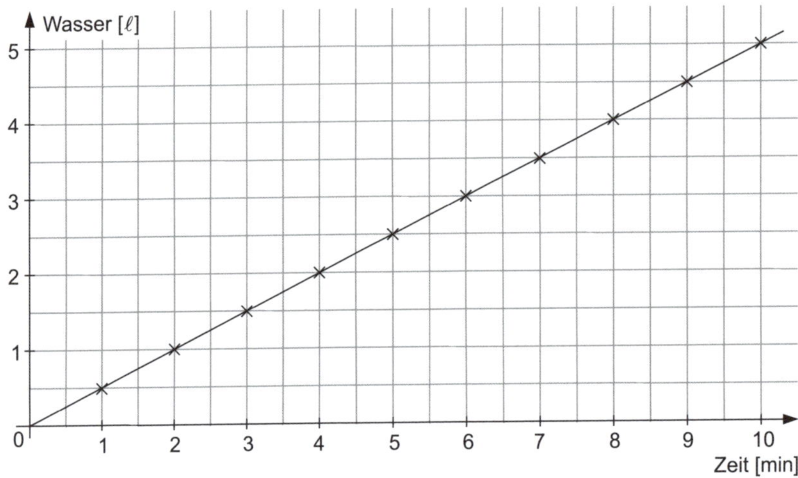

248

	1. Platz	2. Platz	3. Platz
1. Möglichkeit	rotes Auto	schwarzes Auto	graues Auto
2. Möglichkeit	rotes Auto	graues Auto	schwarzes Auto
3. Möglichkeit	schwarzes Auto	rotes Auto	graues Auto
4. Möglichkeit	schwarzes Auto	graues Auto	rotes Auto
5. Möglichkeit	graues Auto	rotes Auto	schwarzes Auto
6. Möglichkeit	graues Auto	schwarzes Auto	rotes Auto

Es gibt 6 unterschiedliche Platzierungsmöglichkeiten.

249

a) Eine gerade Zahl zu drehen ist **sicher**.

Es sind nur gerade Zahlen auf dem Glücksrad.

b) Eine 1-stellige oder eine 2-stellige Zahl zu drehen ist **gleich wahrscheinlich**.

Es sind gleich viele 1-stellige und 2-stellige Zahlen auf dem Glücksrad.

c) Eine ungerade Zahl zu drehen ist **unmöglich**.

Es ist keine ungerade Zahl auf dem Glücksrad.

d) Es ist **wahrscheinlicher**, eine Zahl zu drehen, die durch 2 teilbar ist, als eine Zahl zu drehen, die durch 4 teilbar ist.

Es sind mehr Zahlen auf dem Glücksrad, die durch 2 teilbar sind.

e) Es ist **unwahrscheinlicher**, eine Zahl zu drehen, die durch 3 teilbar ist, als eine Zahl zu drehen, die durch 4 teilbar ist.

Es sind weniger Zahlen auf dem Glücksrad, die durch 3 teilbar sind.

Bildnachweis

Umschlag: © Radachynskyi/istockphoto.com
S. 1: © Pelfophoto/Dreamstime.com
S. 2: © Bill Sarver/sxc.hu
S. 4: © Darren Brode. Shutterstock
S. 6: © Werner Dreblow/Fotolia.com
S. 7: © Sergey/Fotolia.com
S. 8: © Marion Augenstein
S. 9: © Martina Chmielewski/Fotolia.com
S. 12: © jAdamG1975/www.istockphoto.com
S. 14: © Anton Zhukov/Fotolia.com
S. 16, 31: © Bernd Wiedemann
S. 17: © dolgachov. 123rf.com
S. 20: © Eric Isselée/Fotolia.com
S. 22: © Koos Schwaneberg/sxc.hu
S. 23: © michael lorenzo/sxc.hu
S. 24: © TEA/Fotolia.com
S. 27: Glas mit Flasche: © gtranquillity/Fotolia.com
S. 29: © Cornelia Kalkhoff/Fotolia.com
S. 32: Bonbons: © Aamon/Fotolia.com; Äpfel: © Adam Radosavljevic/Fotolia.com;
Bananen: © Grzegorz Szlowieniec/Dreamstime.com; Tomaten: © http://www.pachd.com/free-images/
S. 33, 34: © Marcus Lindström/istockphoto.com
S. 34: Eis: © Surabhi25/Dreamstime.com; Käse: © Andre/Fotolia.com
S. 35: Eier 10er-Packung: © Ints/Fotolia.com
S. 36: Eis, Bifi: © Unilever
S. 38: © 761233. Shutterstock
S. 39: Thermometer: © Astarina. Shutterstock
S. 42: © Franck Boston. Shutterstock
S. 44: © Steve Byland. Shutterstock
S. 46: © MASP/Fotolia.com
S. 54: Bild: © neckermann.de GmbH; Drachen: © Carina Hansen/Fotolia.com;
Metro: © Cristobal Infante/istockphoto.com
S. 57: Mädchen mit Rucksack: © Ljupco Smokovski/Dreamstime.com; Junge mit Buch:
© Peter Close/Dreamstime.com; Mädchen mit langen Haaren: © Eric Wagner/Dreamstime.com;
Junge im Poloshirt: © Jose Manuel Gelpi Diaz/Dreamstime.com
S. 58: Zielscheibe: © ilco/sxc.hu
S. 59: Google Maps: © 2012 Google
S. 61: Hut: © robynmac/Fotolia.com; Ball: © Liliboas/istockphoto.com; Puzzlewürfel:
© Kmclachlan/Dreamstime.com; Holzwürfel: © Vaide/istockphoto.com; Käse: © Andre/Fotolia.com;
Dose: © strixcode/Fotolia.com; Streichholzschachtel: © devulderj/Fotolia.com; Kugel:
© Saksoni/Dreamstime.com; Rollen: © Eldin Muratovic/Fotolia.com; Koffer:
© Stocksnapper/Dreamstime.com; Pyramide: © Titan120/Dreamstime.com
S. 67: © Deutsche Bahn AG/Georg Wagner
S. 71: Sandkasten: © neckermann.de GmbH; Ferrari: © The Car Spy/wikipedia.com; diese Datei ist unter der Creative Commons-Lizenz Namensnennung 2.0 US-amerikanisch (nicht portiert) lizenziert
S. 72: Anhänger: © Michal Zacharzewski/sxc.hu; LKW: © Zts/Dreamstime.com;
Kühlschrank: © Andres Rodriguez/Dreamstime.com
S. 74: © Michael Heinrichs
S. 75: Rucksäcke: © neckermann.de GmbH; Schiff: © FAWB/wikipedia.com; die Datei wurde unter der Lizenz Creative Commons Namensnennung-Weitergabe unter gleichen Bedingungen in Version 2.5 veröffentlicht
S. 76: Mini: © Dana Johnson/Dreamstime.com; Feuerwehrauto: © siku
S. 77, 79: © Bitkom e.V.
S. 85: © Denys Kurylow. Shutterstock
S. 86: Logo: © Bayern-Park, Reisbach
S. 87: © Agata Urbaniak/sxc.hu
S. 91: © Mac Evans/istockphoto.com
sonstige Bilder: Redaktion

Richtig lernen, bessere Noten

7 Tipps wie's geht

1. ***15 Minuten geistige Aufwärmzeit*** Lernforscher haben beobachtet: Das Gehirn braucht ca. eine Viertelstunde, bis es voll leistungsfähig ist. Beginne daher mit den leichteren Aufgaben bzw. denen, die mehr Spaß machen.

2. ***Ähnliches voneinander trennen*** Ähnliche Lerninhalte, wie zum Beispiel Vokabeln, sollte man mit genügend zeitlichem Abstand zueinander lernen. Das Gehirn kann Informationen sonst nicht mehr klar trennen und verwechselt sie. Wissenschaftler nennen diese Erscheinung „Ähnlichkeitshemmung".

3. ***Vorübergehend nicht erreichbar*** Größter potenzieller Störfaktor beim Lernen: das Smartphone. Es blinkt, vibriert, klingelt – sprich: es braucht Aufmerksamkeit. Wer sich nicht in Versuchung führen lassen möchte, schaltet das Handy beim Lernen einfach aus.

4. ***Angenehmes mit Nützlichem verbinden*** Wer englische bzw. amerikanische Serien oder Filme im Original-Ton anschaut, trainiert sein Hörverstehen und erweitert gleichzeitig seinen Wortschatz. Zusatztipp: Englische Untertitel helfen beim Verstehen.

5. ***In kleinen Portionen lernen*** Die Konzentrationsfähigkeit des Gehirns ist begrenzt. Kürzere Lerneinheiten von max. 30 Minuten sind ideal. Nach jeder Portion ist eine kleine Verdauungspause sinnvoll.

6. ***Fortschritte sichtbar machen*** Ein Lernplan mit mehreren Etappenzielen hilft dabei, Fortschritte und Erfolge auch optisch sichtbar zu machen. Kleine Belohnungen beim Erreichen eines Ziels motivieren zusätzlich.

7. ***Lernen ist Typsache*** Die einen lernen eher durch Zuhören, die anderen visuell, motorisch oder kommunikativ. Wer seinen Lerntyp kennt, kann das Lernen daran anpassen und erzielt so bessere Ergebnisse.